走进太空世界丛书

ZOUJIN TAIKONG SHIJIE CONGSHU

ZAITAIKONGZHONG DE SHENMI SHENGHUO

空中的神秘生活

本书编写组◎编

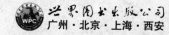

世界图书出版公司
广州·北京·上海·西安

图书在版编目（CIP）数据

在太空中的神秘生活／《在太空中的神秘生活》编
写组编 . —广州：广东世界图书出版公司，2010.8 （2024.2 重印）
ISBN 978 - 7 - 5100 - 2490 - 0

Ⅰ. ①在… Ⅱ. ①在… Ⅲ. ①航天 - 青少年读物
Ⅳ. ①V4 - 49

中国版本图书馆 CIP 数据核字（2010）第 151524 号

书　　名	在太空中的神秘生活
	ZAI TAIKONGZHONG DE SHENMI SHENGHUO
编　　者	《在太空中的神秘生活》编写组
责任编辑	左先文
装帧设计	三棵树设计工作组
出版发行	世界图书出版有限公司　世界图书出版广东有限公司
地　　址	广州市海珠区新港西路大江冲 25 号
邮　　编	510300
电　　话	020-84452179
网　　址	http://www.gdst.com.cn
邮　　箱	wpc_gdst@163.com
经　　销	新华书店
印　　刷	唐山富达印务有限公司
开　　本	787mm × 1092mm　1/16
印　　张	10
字　　数	120 千字
版　　次	2010 年 8 月第 1 版　2024 年 2 月第 10 次印刷
国际书号	ISBN　978-7-5100-2490-0
定　　价	48.00 元

前 言
PREFACE

　　随着航天事业的不断进步，太空成为一个非常热点的话题，从人类能够遨游太空开始，短短的几十年，已经有 400 多位宇航员进入太空，人类在实现飞天梦的同时，也在开创着太空的新篇章。

　　宇航员，或称航天员，指以太空飞行为职业或进行过太空飞行的人。确定太空飞行的标准则没有完全统一。在美国，旅行高度超过海拔 80 千米（50 英里）的人被称为宇航员。国际航空联合会定义的宇宙飞行标准则需超过 100 千米。到 2004 年 4 月 18 日为止，按照美国的定义，共计 440 人在太空里度过了一共 27082 个全体乘员天，在太空中散步共享了 98 个全体乘员天。在国际航空联合会的定义下，只有 434 人符合资格。进入太空的宇航员来自至少 32 个国家。在香港及东南亚，航天员亦称太空人。

　　宇航员的职业是特殊而神秘的，而最让人感觉到好奇的是他们在太空中的生活状态。要知道，太空环境与地球环境是截然不同的两种环境，那里没有空气，没有重力，充满危险的太空辐射，如果用地球上的方式去太空生活，那肯定会闹出很多的笑话。比如吃饭，你端着一碗米饭，那饭会一粒粒飘满你的座舱，你张着嘴可能一粒也吃不着；而你闭上嘴时，饭粒却可能飘进你的鼻孔呛你个半死。你想躺在床上睡个舒服觉，可是你会发现太空中找不到上下的界限，"躺"和"站"几乎没有什么区别。

　　太空生活总是令人向往的，航天员在太空的生活环境与在地面迥然不同，在与外界隔绝的飞船密闭舱居住是怎样一种情形呢？是饶有趣味还是充满惊险刺激？那么宇航员们是如何在太空中吃饭与睡眠的呢？他们怎样睡觉？怎样行走？他们可以洗澡吗？业余时间又是做什么呢？谁能来为我们一一解开这些谜团呢？

太空离我们太远，但太空生活却并非遥不可及。本书立足于科学事实，以详尽的文字资料为基石，以丰富的图片做辅助，和读者朋友们一起去探索宇航员在太空中的神秘生活，相信该书会有助于读者朋友们对宇航员的太空生活形成一个立体结构的综合认识，从而进一步启迪和加强大家的想象力和对真知的渴求度。

人类总是要进步的，长江后浪推前浪，一代新人换旧人，今天的青少年可能就是明天的学者、专家，有志者事竟成，只要我们不懈努力，什么奇迹都会创造出来。来吧，让我们一起来一次太空生活大畅想，描绘出我们心目中的奇妙旅程！

目录 Contents

解密宇航服

太空饮食花样也多

探秘宇航生活

形形色色的宇航任务

宇航员的健康

未来太空生活

太空环境大揭秘
TAIKONG HUANJING DAJIEMI

　　自宇宙大爆炸以后，随着宇宙的膨胀，温度不断降低。虽然随后有恒星向外辐射热能，但恒星的数量是有限的，而且其寿命也是有限的，所以宇宙的总体温度是逐渐下降的。经过 100 多亿年的历程，太空已经成为高寒的环境。对宇宙微波背景辐射的研究证明，太空的平均温度为 −270.3℃。在太空中，不仅有宇宙大爆炸时留下的辐射，各种天体也向外辐射电磁波，许多天体还向外辐射高能粒子，形成宇宙射线。许多天体都有磁场，磁场俘获上述高能带电粒子，形成辐射性很强的辐射带，如在地球的上空，就有内外两个辐射带。由此可见，太空还是一个强辐射环境。

　　不管从哪个方面看，宇宙环境都是独特且恶劣的。宇宙航行是以整个宇宙空间为活动环境的，因此，我们必须对宇宙环境有一定的了解，就像汽车司机要了解道路环境，登山运动员要了解山地环境，航海人员要了解海洋环境一样。在人类进入太空以前，对太空环境只能进推测和理论研究。与人类对飞天的向往一样，人们构想了美丽的"天堂"，便有"上有天堂，下有苏杭"的比喻。现在我们知道，如果"天堂"是指太空的话，就生存环境来说，那是极大的谬误。

没有重力的地方

我们知道，失重是人类进入太空后一个特殊的物理因素。当宇宙飞船绕地球轨道做圆周运动时，飞船运动的离心力和地球对飞船的引力相等，由于这两种作用力方向相反，便使得飞船中的人和物体处于一种失重状态。

宇航员在太空飞行，少则几天、几个月，多则一年甚至几年。如果长期处在失重条件下，则会对人体产生许多不良影响。载人航天实践证明，失重对人体的生理功能有很大影响，但不像原先想象的那样严重。这是因为生物在长期的进化过程中，形成了与地球重力环境相适应的生理结构与功能特征。但进入太空后，地球重力作用几乎完全消失，导致生物有机体处于一种失重状态。

人类的航天实践表明，微重力环境对宇航员的健康、安全和工作能力会产生重要影响。而中长期的航天飞行可导致宇航员出现多种生理、病理现象，该现象主要表现为心血管功能障碍、骨丢失、免疫功能下降、肌肉萎缩、内分泌功能紊乱、工作能力下降等。

失重还可引起心血管功能的改变。这是因为失重时人体的流体静压丧失，血液和其他体液不像重力条件下那样惯常

失重环境中的宇航员

地流向下身。相反，下身的血液回流到胸腔、头部，可引起宇航员面部水肿、头胀、颈部静脉曲张、鼻咽部堵塞，进而导致身体质量中心上移。

这时，人体的感觉器官便感到体液增加，而机体会自动通过体液调节系统减少体液，于是便出现体液转移反射性多尿，水盐从尿中排出，进而导致血容量减少，血红蛋白量也相应减少。此外，还可出现心律不齐、心肌缺氧以及心肌的退行性变化，而相应的心脏功能障碍也会出现，如心输出量减

少、运动耐力降低等。当宇航员返回地面后，由于对重力不适应而易于出现心慌气短、体位性晕厥等。这些可严重影响人体健康和工作效率，因而成为中长期载人航天飞行的一大障碍，也是迫切需要解决的航天医学问题。随着航天飞行时间的延长，心血管功能可在新的水平上达到新的平衡，心率、血压、运动耐力以及减少的血容量和血红蛋白可逐步恢复到飞行前的水平。

长期失重引起人体的骨钙质代谢紊乱的原理是：当人体失重时，作用于腿骨、脊椎骨等承重骨的压力骤减，同时，肌肉运动减少，对骨骼的刺激也相应减弱，骨骼血液供应相应减少。在这种情况下，成骨细胞功能减弱，而破骨细胞功能却增强，使得骨质大量脱钙并经肾脏排出体外。而骨钙的丢失会造成两个后果：骨质疏松和增大发生肾结石的可能。失重所导致的骨丢失随飞行时间的延长而持续进行，而且这种骨质疏松一旦形成，回到地面重力环境下也难以逆转。俄国宇航员在"和平"号空间站上曾试验多种对抗措施，如每天2小时的跑台运动，穿企鹅服给以人工加载及服用特殊药物等，但未能完全解决问题。

长期失重还可引起对抗重力的肌肉出现废用性萎缩，宇航员在长期的航天飞行中加强肌肉锻炼可以延缓这种肌肉萎缩。回到地面重力环境中后，进行积极的肌肉锻炼可以逐步使肌肉萎缩得到一定的恢复。

 知识点

第一个上天的猴子

第一个上天的动物是一只名叫艾伯特的猴子。1948 年，这只猴子搭乘 V-2 火箭从美国新墨西哥州的怀特桑兹火箭发射场起飞。由于机械故障，艾伯特一去不返。1958 年，又一只叫戈尔多的猴子，被美国人送上 970 千米的高空。人们通过监视器发现，它在太空中的呼吸和心跳都十分正常，证明人类也是可以作太空旅行的。

宇宙辐射与射线

太空环境中存在着各种各样的宇宙辐射与射线，下面就太阳辐射、银河宇宙射线与地磁俘获辐射进行简单的介绍。

（1）太阳辐射

我们知道，太阳是宇宙中的一个中等恒星，它会发射出强大的电磁辐射波。其中可见光和红外辐射能量占总辐射能量的90%以上，它们供给地球热量，并加热地球的大气。事实证明，在我们人类的航天活动中，太阳的辐射能是航天器的主要能量来源。在低地球轨道上飞行的航天器，太阳可见光和红外辐射是它的主要外部热源，对载人航天器的热设计有直接的影响。

此外，太阳还会放射出无线电波、X射线和紫外线，但这一部分在太阳总辐射能量中只占很小的比例。研究发现，在地球大气层以外的空间环境中，紫外线会对宇航员产生许多有害的影响，例如，皮层出现红斑，肤色变得黝黑，还能引起眼睛结膜炎、虹膜炎和角膜溃疡等疾病。因此，宇航员在进行舱外活动时，事先必须穿戴防护服和滤光镜。此外，令人有点担忧的是，长期运行的空间站的热控表面和光学器件受到紫外辐射会引起性能退化，严重的会使热控失去平衡。而研究证明紫外辐射对绝缘材料、光学材料和高分子材料也有破坏作用。由于太阳紫外线和极紫外辐射对高层大气有加热作用，故往往会导致原子氧密度增加，加剧对航天器表面的剥蚀作用。太阳X射线爆发会引起对电离层的干扰，导致短波和中波无线电信号衰减，甚至会使通信完全中断。当太阳上大的射线爆发时，长波段的噪声可增大2~4个数量级，而短波段的噪声也会增加2~3个数量级。

总之，地球外层空间的辐射环境是威胁宇航员安全的重要物理因素之一。虽然电磁辐射穿透物质的能力很差，对人体的危害较小，但电离辐射却能使物质直接或间接地电离或激发，产生各种带电粒子、中子或X射线、γ射线等，此种辐射贯穿物质的能力很强，可使物体和人体受到伤害。

（2）银河宇宙射线

研究发现，银河宇宙射线主要是来自银河系并被星际间磁场加速的高能带电粒子流，它在空间的分布基本上是各向同性的。它的主要成分是质子、Q

粒子以及电荷数大于 2 的其他元素的原子核，因此银河宇宙射线粒子能量很高，并具有贯穿力极强、防护困难等特点。

银河宇宙射线的强度与太阳活动有关。研究表明，太阳活动最高的年份宇宙射线的强度低，而太阳活动低的年份宇宙射线的强度则增加。由于地球大气层屏蔽和电磁场的作用，近地空间的银河宇宙射线的辐射剂量比宇宙空间要小。该类射线会对生物体造成一定的破坏，甚至 1 个重粒子就能对生物细胞产生明显的损伤。

（3）地磁俘获辐射

科学家研究发现，地球俘获了大量的带电粒子，并形成了比地球半径大 6～7 倍的粒子辐射弧形区。科学家曾利用人造地球卫星测量了离开地球 20～3000 千米之间的宇宙射线并与地球上所测得的宇宙射线强度进行了比较，发现在 200～2000 千米高度上的宇宙射线强度比地球表面宇宙射线强度大 1000 倍。科学家们认为，这是大量带电粒子被地球磁场捕获的结果。

科学家指出，该辐射带分为内、外两个环形带，其成分主要是电子、质子和少量重核。其中内带位于 1.2～2.5 倍地球半径的范围内，外带位于 3～8 倍地球半径的范围内。它的结构、空间范围、粒子种类、能量范围随时间有长期和短期的变化，尤其是外带变化更为明显。内辐射带以南北纬 45°为界。由于地磁场的作用，东、西半球的内辐射带是不对称的。其中在西半球，内带的下边界在离地球 0.5～0.6 千米处；而在东半球，内带的下边界约在 1.5 千米的范围内。内辐射带的外边界大致在 10～50 千米的高度范围内。

在内辐射带，考虑到质子和电子同物质相互作用产生的二次辐射，宇航员可能受到的辐射剂量要相对多一点。此外，科学家们还发现，在 300 千米的低地球轨道上飞行，宇航员所受到的辐射剂量与轨道平面的倾角关系不大。但在 1000～3000 千米上飞行，每天的辐射剂量与倾角有关。载人航天器短时间通过内辐射带，宇航员受到的辐射剂量每日在几十毫戈（瑞）以下。"阿波罗 6"号飞船通过内辐射带的剂量为 20 毫戈/日。外辐射带的中心辐射剂量可以达到 1.3 毫戈/日。

知识点

中 子

中子是不带电的粒子流。辐射源为核反应堆、加速器或中子发生器，在原子核受到外来粒子的轰击时产生核反应，从原子核里释放出来。中子按能量大小分为：快中子、慢中子和热中子。中子电离密度大，常常引起大的突变。目前辐射育种中，应用较多的是热中子和快中子。

最剧烈的太阳活动——耀斑

太阳耀斑是一种最剧烈的太阳活动，其周期约为 11 年。耀斑一般被认为发生在色球层中，所以也叫做"色球爆发"。其主要观测特征是，日面上（常在黑子群上空）突然出现迅速发展的亮斑闪耀，其寿命仅在几分钟到几十分钟之间，这时亮度上升迅速，但下降较慢。特别是在耀斑出现频繁且强度变强的时候。

别看它只是一个亮点，一旦出现，简直是一次惊天动地的大爆发。这一增亮释放的能量相当于 10～100 万次强火山爆发的总能量，或上百亿枚百吨级氢弹的爆炸；而一次较大的耀斑爆发，则在一二十分钟内可释放巨大能量，除了日面局部突然增亮的现象外，耀斑更主要表现在从射电波段直到 X 射线的辐射通量的突然增强。耀斑所发射的辐射种类繁多，除可见光外，有紫外线、X 射线、γ 射线，有红外线和射电辐射，还有冲击波和高能粒子流，甚至有能量特高的宇宙射线。1 枚氢弹爆炸仅相当于耀斑

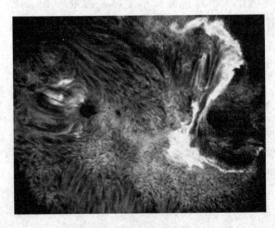

太阳耀斑示意图

总能量的百亿分之一。

耀斑对地球空间环境造成很大影响。太阳色球层中一声爆炸，地球大气层即刻便会出现缭绕余音。耀斑爆发时，当发出大量的高能粒子到达地球轨道附近时，会严重危及宇宙飞行器内的宇航员和仪器的安全。

日　冕

日冕是太阳大气的最外层，厚度达到几百万千米以上。日冕温度有 100 万摄氏度，粒子数密度为 $10 \sim 15 m^3$。在高温下，氢、氦等原子已经被电离成带正电的质子、氦原子核和带负电的自由电子等。这些带电粒子运动速度极快，以致不断有带电的粒子挣脱太阳的引力束缚，射向太阳的外围，形成太阳风。日冕发出的光比色球层的还要弱。日冕可人为地分为内冕、中冕和外冕 3 层。内冕从色球顶部延伸到 1.3 倍太阳半径处；中冕从 1.3 倍太阳半径到 2.3 倍太阳半径，也有人把 2.3 倍太阳半径以内统称内冕，大于 2.3 倍太阳半径处称为外冕。

不断肆虐的太阳风

太阳风是从恒星上层大气射出的超声速等离子体（带电粒子）流。研究表明，太阳风是一种连续存在，来自太阳并以 200 ~ 800 千米/秒的速度运动的等离子体流。这种物质虽然与地球上的空气不同，不是由气体的分子组成，而是由更简单的比原子还小一个层次的基本粒子——质子和电子等组成，但它们流动时所产生的效应与空气流动十分相似，

日冕示意图

流星示意图

所以科学家们将之称为太阳风。

当然，太阳风的密度与地球上的风的密度相比，是非常非常稀薄而微不足道的。一般情况下，在地球附近的行星际空间中，每立方厘米便有几个到几十个粒子。而地球上风的密度则为每立方厘米有2687亿亿个分子。太阳风虽然十分稀薄，但它刮起来的猛烈劲，却远远胜过地球上的风。在地球上，12级台风的风速是32.5米/秒以上；而太阳风的风速，在地球附近却经常保持在350～450千米/秒，是地球风速的上万倍，最猛烈时可达800千米/秒以上。

太阳风经常从太阳大气最外层的日冕，向空间持续抛射出物质粒子流。这种粒子流是从冕洞中喷射出来的，其主要成分是氢粒子和氦粒子。

科学上将太阳风分为两种：①持续不断地辐射出来，速度较小，粒子含量也较少，被称为"持续太阳风"；②在太阳活动时辐射出来，速度较大，粒子含量也较多，这种太阳风被称为"扰动太阳风"。

还有重要的一点是，在太阳风和外面的星际物质交汇的地方，通常会产生冲击波。据说1977年发射的"旅行者1"号探测器在2003年的时候碰上了这种冲击波。那个冲击波距离太阳大约128～180亿千米。

知识点

最常用的射线

各种射线，由于电离密度不同，生物效应是不同的，所引起的变异率也有差别。为了获得较高的有利突变，必须选择适当的射线，但由于射线来源、设备条件和安全等因素，目前最常用的是γ射线和X射线。可见光、红外线、紫外线等，是由原子外层电子引起；伦琴射线由内层电子引起；γ射线是由原子核引起。

制造麻烦的流星

当地球公转经过某些流星体轨道时，流星体会以11～73千米/秒的速度闯入地球大气层，与大气分子剧烈撞击和摩擦，产生强烈的热和光，该现象叫做"流星"现象。而没有燃烧完的流星体落到地面上，称之为"陨星"。

陨星根据其化学成分可分为陨石、陨铁、陨铁石。目前，世界上已发现的陨星约1700颗。另据卫星测量，现在每天约有3000吨的流星物质进入大气层，形成宇宙尘。宇宙尘也成为卫星和空间站的潜在威胁。

陨 石

太空不定时炸弹——太空垃圾

除却太空中固有的流星体会对卫星与空间站造成危害外，也有人类自己制造的太空垃圾。

自20世纪50年代开始进军宇宙以来，人类已经发射了4000多次航天运载火箭。据不完全统计，太空中现有直径大于10厘米的碎片9000多个，大于1.2厘米的有数十万个，而漆片和固体推进剂尘粒等微小颗粒可能数以百万计。

不要小看这些太空垃圾，事实上，由于它们飞行速度极快，达到了6～7千米/秒，所以它们都蕴藏着巨大的杀伤力。举一个简单的例子：一块10克重的太空垃圾撞上卫星，便相当于两辆小汽车以100千米的时速迎面相撞，所以被撞卫星的直接后果就是会在瞬间被打穿或击毁！试想，如果撞上的是载人宇宙飞船，后果将不堪设想。

更令人感到头疼的是，人类对太空垃圾的飞行轨道无法控制，只能粗略地预测。所以，这些垃圾就像高速公路上那些无人驾驶、随意乱开的汽车一样，无法预料它什么时候刹车，什么时候变线。

地球周围太空垃圾分布示意图

因此，它们是宇宙"交通事故"中最大的潜在"肇事者"，而对于宇航员和飞行器来说都是巨大的威胁。

就目前而言，地球周围的宇宙空间还算开阔，所以太空垃圾在太空中发生碰撞的概率很小。但一旦撞上，后果将是毁灭性的。更令航天专家头疼的是"雪崩效应"——每一次撞击并不能让碎片互相湮灭，而是会产生更多碎片，而每一个新的碎片又是一个新的碰撞危险源。如果有一天地球周围被这些太空垃圾挤满，人类探索宇宙的道路就被堵塞了。

科学家研究分析认为，太空垃圾可分为三类：①用现代雷达能够监视和跟踪的比较大的物体，主要有种种卫星、卫星保护罩及各种部件等，这类垃圾目前已达8000多个；②体积小的物体，如发动机等在空间爆炸时产生的碎片，其数量估计至少有几百万个；③核动力卫星及其产生的放射性碎片，截至2000年，卫星送到地球轨道上的这类碎片就达3吨之多。

"阿丽亚娜"号火箭

在1957年10月4日，前苏联成功地发射了第一颗人造地球卫星，从此揭开了人类空间时代的序幕，但与此同时也为太空送去了第一批垃圾。当时，虽然宇航员完成了飞行任务，却把卫星的装载舱、备用舱、仪器设备及其他遗弃物都留在了卫星轨道上。

此后，随着人类太空史上的一次次壮举，太空垃圾却也与日俱增。人类先后已将4000余颗卫星送入太空。但目前仍在正常运转的仅有400余颗。其余的或坠毁于地球表面，或遗留在太空，成为了新的太空垃圾。

据统计，目前约有3000吨太空垃圾在绕地球飞奔，而其数量正以每年2%～5%的速度增加。科学家们预测：如果太空垃圾以此速度增加，将会导致灾难性的连锁碰撞事件发生。如此下去，到2300年，任何东西都无法进入太空轨道了。

所以说，太空垃圾给航天事业的发展带来了巨大的隐患，它们成为人造卫星和轨道空间站的潜在杀手，并使得宇航员的安全受到严重威胁。要知道，太空垃圾是以宇宙速度运行的。一颗迎面而来的直径为0.5毫米的金属微粒，足以戳穿密封的飞行服；人们肉眼无法辨别的尘埃（如油漆细屑、涂料粉

"发现者"号航天飞机

末）也能使宇航员殒命；一块仅有阿司匹林药片大的残骸可将人造卫星撞成"残废"，可将造价上亿美元的航天器送上绝路。

在人类太空史上，太空垃圾造成的事故和灾难屡见不鲜。

1983年，美国航天飞机"挑战者"号与一块直径0.2毫米的涂料剥离物相撞，导致舷窗被损，只好停止飞行。

1986年，"阿丽亚娜"号火箭进入轨道之后不久便爆炸，成为564块10厘米大小的残骸和2300块小碎片。后来，这枚火箭的残骸使两颗日本通信卫星"命赴黄泉"！

1991年9月15日，美国发射的"发现者"号航天飞机差一点与前苏联的火箭残骸相撞。当时"发现者"号与这个"不速之客"仅仅相距2.74千米，

幸亏地球上的指挥系统及时发去警告信号，它才免于"丧生"。

据计算，目前太空轨道上每个飞行物发生灾难性碰撞事件的概率为3.7%，发生非灾难性撞击事件的可能性为20%。以此计算，今后将每5~10年可能发生1次太空垃圾与航天器相撞事件，到2020年将达到2年1次。

诱人的微重力资源

虽然浩瀚无边的太空令人生畏，但它又有丰富的自然资源有待开发。利用空间运行的微重力现象可以完成地面上难以完成或根本做不到的事情。目前，微重力科学研究主要分为三个领域，分别为微重力物理学、微重力材料科学和微重力生命科学。

（1）微重力物理学

微重力材料学的基础是微重力物理学，在空间进行材料科学研究和材料的加工制造以及生物学的研究都必须以微重力的基本物理规律为指导。到目前为止，可归纳出如下微重力条件下的基本物理规律：

①自然对流现象基本消失。在这种情况下液体表面温度和物质成分的差别成为引起某种对流现象的主要原因，其扩散过程成为物质传递的主要过程。

②在液体中由于物质密度的差异引起的沉浮和分层现象消失。在地面条件下，液体中重的成分沉入底部，轻的物质浮在上面是司空见惯的现象，而在微重力条件下这种现象就见不到了。

③液体的表面张力显得特别重要和突出。物质的浸润现象和毛细现象加剧。例如液体在无容器的情况下聚成球形浮在舱中，利用毛细材料的毛细现象可制成各种有用的液体储存和运输装置。

④流体没有静压力。在微重力环境中，作用在一个物体上的力与地球环境下完全不同，物体在空间可以随意停留，液体中的气泡可以集聚在一起，固体与液体交界可以完全润湿。

⑤燃烧现象也与地面大不相同。在微重力条件下，火焰的形状发生变化，火焰不是像在地球上的舌形，而是球形，火焰的面积变大。由于空气中的氧只有通过扩散才能向燃烧区补充供给，燃烧的速率比地球上要慢得多。如果

通过扩散而不能补充氧气时，火焰就将自行熄灭。

（2）微重力空间环境中的加工

资料表明，空间加工和生产新材料的活动是近些年进行最多的生产活动。人们已经在太空对电子技术使用的半导体材料、用于输送电力的超导材料以及电子计算机应用的磁性材料、记忆材料和遥感测量用的红外敏感材料等进行生产加工，对地面条件下难以混合的合金材料、金属、泡沫多孔材料和复合材料等的研究也已经得到了意想不到的结果。

（3）微重力环境的生物和生命科学

众所周知，地球上的生物都是在重力环境中发育、成长的。所以，重力对生物的生命活动现象有重要的影响。

微重力环境的生物学主要是研究微重力条件以及空间辐射单因素或复合因素对生物正常功能的影响，从而可以开辟一条新的揭示生物机理本质的途径。目前，科学家在载人航天器上对包括动物和植物在内的多种生物进行了实验研究，证明绝大多数情况下，由微重力条件返回到重力条件时，生物又进入正常的发育轨道上来，其中发生遗传变异的只有少量的生物。也就是说虽然生物在微重力环境中的机体变化有可逆性，但生物的遗传特征将不一定再有可逆性。人们对在微重力环境中生存的生物体遗传性研究产生了广泛的兴趣。

此外，微重力不但对生物生长过程有影响，而且还对生物机体形状和功能有影响。地面上的植物一般将80%的能量用于茎的生长；而在微重力条件下温室中生长的植物茎很短小，但叶子更加繁茂，果实更为丰硕。

空间生命科学

空间生命科学是研究宇宙空间特殊环境因素（如真空、高温、低温、失重和宇宙辐射等）作用下的生命现象及其规律的学科。广义地说，它包括空间生物学、空间生理学、空间医学和空间生物工程学等。它属于空间科学和生命科学的边缘学科，也是空间科学领域内最新形成的一个分支学科。

参观宇航员的家

CANGUAN YUHANGYUAN DE JIA

人类并不满足于在太空作短暂的旅游，为了开发太空，需要建立长期生活和工作的基地。于是，随着航天技术的进步，载人航天器就变得越来越重要了。航天器是在绕地球轨道或外层空间按受控飞行路线运行的载人的飞行器。载人航天器家族中有三个成员：载人飞船、空间站和航天飞机。

载人航天器与人造卫星等不载人航天器的主要区别是：具有保障人生存的生命保障功能，舱内有适合人生存的大气压和大气成分，有适合的温度和湿度，并提供饮水和食物及生活设施；具有人工作所需的操作和实验设备，显示系统及时显示航天器工作状态和实验数据，具有天地通信功能，使航天器中的人能够与地面控制中心进行语音通信；具有一定的活动空间，使人在其内工作和生活具有一定的舒适性。从某种意义上讲，载人航天器可以称为宇航员的家。

参观载人飞船

能够保障宇航员在外层空间生活和工作，以执行航天任务并返回地面的航天器，称宇宙飞船。载人飞船可以独立进行航天活动，也可用为往返于地面和空间站之间的"渡船"，还能与空间站或其他航天器对接后进行联合飞行。载人飞船容积较小，受到所载消耗性物质数量的限制，不具备再补给的能力，而且不能重复使用。1961年前苏联发射了第一艘"东方"号飞船，后来又发射了"上升"号和"联盟"号飞船。美国也相继发射了"水星"号、"双子星座"号、"阿波罗"号等载人飞船。

载人飞船具有多种用途，主要有：进行近地轨道飞行，试验各种载人航天技术，如轨道交会和对接、宇航员出舱进入太空等；考察轨道上失重和空间辐射等因素对人体的影响，发展航天医学；为航天站接送人员和运送物资；利用各种遥感设备进行对地球的观测；进行空间探测和天文观测；进行登月飞行或行星际飞行。

载人飞船一般由乘员返回舱、轨道舱、服务舱、对接舱和应急救生装置等部分组成，而登月飞船还具有登月舱。为了保证人员能进入太空和安全返回地面，载人飞船有以下主要分系统：结构系统、姿态控制系统、轨道控制系统、无线电测控系统、电源系统、返回着陆系统、生命保障系统、仪表照明系统、应急救生系统。

飞船的主要结构特点是有载人舱。它的主要结构可分为几个舱段，例如，可采用两舱式结构和三舱式结构。如有对接任务时则有对接机构，它放在飞船的最前边。前苏联第一代飞船"东方"号的结构很简单，是两舱式，飞船只载1个人。第二代飞船飞行时，前苏联的"上升"号多了一个出舱用的气闸舱，且能载2~3人；而美国"双子星座"号飞船仍为二舱式加对接机构。第三代飞船是三舱式结构，如前苏联的"联盟"号飞船。这种飞船的最前端是对接机构，然后接轨道舱，再接返回舱和服务舱，最后与运载火箭相连。有的舱之间有过渡舱段相接连。有出舱任务的载人航天器都增设出舱用的气闸舱。美国"阿波罗"号飞船除有两舱段结构外还增设登月舱。

飞船的轨道舱是飞船重点的舱段。它前端的对接机构供飞船与其他飞船或空间站对接用，其下端通过密封舱门与返回舱相连。它是宇航员在太空飞行中进行科学实验、进餐、体育锻炼、睡觉和休息的空间，其中备有食物、水和睡袋、废物收集装置、观察仪器和通信设备等。轨道舱还可兼作宇航员出舱活动的气闸舱。

返回舱也是密闭座舱，在轨道飞行时与轨道舱连在一起称为宇航员居住舱。在起飞阶段和再入大气层阶段，宇航员都是半躺在该舱内的座椅上，并有一定角度克服超重的压力。座椅前方是仪表板，以监控飞行情况；座椅上安装姿态控制手柄，以备自控失灵时用手控进行调整。美国"水星"号飞船在返回地面时自控失灵，就是靠宇航员手控使飞船返回地面的。在飞船返回地面之前，轨道舱和服务舱分别与返回舱分离，并在再入大气层过程中焚毁，只有返回舱载着宇航员返回地面。

飞船的服务舱也可称"仪器设备舱"。它的前端通过过渡舱段与返回舱相连，后端与运载火箭相接。"联盟"号飞船的这个舱又分前、后两个部分，前段是密封增压的，内部装有电子设备，以及环境控制、推进系统和通讯等设备；后段是非密封性的，主要是安装变轨发动机和外贮箱等物。服务舱外部装有环境控制系统的辐射散热器和太阳能电池板。

"神舟5"号

2003年10月15日9时整，我国自行研制的"神舟5"号载人飞船在中国酒泉卫星发射中心发射升空。9时9分50秒，"神舟5"号准确进入预定轨道。这是中国首次进行载人航天飞行。乘坐"神舟5"号载人飞船执行任务的航天员是38岁的杨利伟。他是我国自己培养的第一代航天员。在太空中围绕地球飞行14圈，经过21小时23分、60万千米的太空行程，他于16日6时23分在内蒙古主着陆场成功着陆返回，标志着中国已成为世界上继前苏联、美国之后第三个能够独立开展载人航天飞行的国家。

巨无霸一样的航天飞机

载人飞船基本上是一次性使用。为了能使载人航天器多次重复使用，科学家们便设想了各种方案的载人航天器。20世纪40年代，有人即已着手研究一种既能像飞船那样垂直起飞，又能像飞机那样水平着陆的重复使用的航天器，后来研制出供实验用的火箭动力飞机和各种升力飞行器。接着还有数量相当多的设计相继出现。1969年开始进行大型航天飞机的方案设计。1972年正式开始了航天飞机的设计、研制、试验和鉴定工作。

航天飞机是近年来美国的主要载人航天器，并且经常性地往返于地球和轨道之间。它和以往的载人航天器相比，无论是外形、舱室结构以及起飞、着陆方式都有根本性的改变。航天飞机的结构组成包括轨道器、外储箱和 2 个固体火箭助推器。轨道器是宇航员生活和进行科学实验的主体结构，舱内空间比较宽敞，正常飞行可乘坐 7 名宇航员，有时可载 10 人，空间停留时间一般为一星期。舱内的生活设备比较完善，食品供应合理、食用方便。

科学家指出，航天飞机的起飞重量约 1600 吨，有效载荷为 22.7 吨，货舱容积为 28 立方米。航天飞机的关键技术是再入大气层的防热问题。载人飞船使用热防护系统的材料都是烧蚀材料，这种材料通过自身的分解、熔化和蒸发吸收热量，借以维持舱内的温度不致超过规定值。此种热防护方法在短时间高温和一次性使用情况下具有良好的效果。但对于重复使用、多次再入大气层的加热烧蚀就难以胜任了。航天飞机的成功飞行证明，防热问题解决得比较理想。

此外，航天飞机货舱里可载大型的空间实验室进入太空，这给空间科学实验研究提供了良好条件。它可以进行空间制药、空间物理学和材料学的研究和实验，也为空间资源的开发和利用提供了实验场所。在航天飞机上发射卫星多次获得成功，还可以捕获已失效的卫星带回地面进行修理。这些活动可以创造可观的经济效益。

航天飞机的第一次

1969 年 4 月，美国宇航局提出建造一种可重复使用的航天运载工具的计划。1972 年 1 月，美国正式把研制航天飞机空间运输系统列入计划，确定了航天飞机的设计方案，即由可回收重复使用的固体火箭助推器，不回收的两个外挂燃料贮箱和可多次使用的轨道器三个部分组成。经过 5 年时间，1977 年 2 月研制出一架"创业"号航天飞机轨道器，由波音 747 飞机驮着进行了机载试验。1977 年 6 月 18 日，首次载人用飞机背上天空试飞，参加试飞的是宇航员海斯和富勒顿两人。8月12日，载人在飞机上飞行试验圆满完成。又经过4年，第一架载人航天飞机终于出现在太空舞台，这是航天技术发展史上的又一个里程碑。

模拟地球环境的座舱

座舱的特点

座舱是整个载人飞船或空间站的核心部分。由于要为宇航员提供类似地球环境的生活条件，所以便有如下特点：

（1）坚固。座舱的结构要有足够的强度与刚度，经受大气层的剧烈摩擦而不解体，能承受200℃以上温差的变化不变形，能在辐照和强烈振动的条件下可靠地工作。

（2）轻便。轻便是航天器设计的重要指标，发射飞船时，运载火箭的运载能力与有效载荷（卫星或飞船）的比例大致为100:1，即100千克的火箭仅能把1千克的有效载荷发射入轨。

（3）密封好。飞船运行在几乎没有空气的太空，轻微的结构变形都会导致飞行器内部气压的变化，使仪器设备失灵，导致严重的人身事故。

因座舱的设计不仅要考虑到发射时的要求，还得考虑返回时经受剧烈的大气摩擦，外形选择十分讲究。从前苏联第一艘载人宇宙飞船"东方"号到美、苏（俄）两国的航天飞机，外形可分为两种类型：①无翼式，前苏联的"东方"号飞船、"上升"号飞船、"联盟"号飞船，美国的"水

"水星"号飞船

星"号飞船、"双子星座"号飞船等均属于无翼式。这种无翼式飞船，结构简单，工艺技术要求略低，工程上易于实现，其缺陷是不能获得很大的升力，返回地面时宇航员无法控制飞船的落点。②有翼式，美、苏（俄）两国研制的航天飞机就是这种类型，能够获得巨大的升力，能在预定的机场跑道降落。

座舱的"五脏六腑"

太空居室必须注意合理的结构布局，这不仅是宇航员生活舒适的需求，也是太空居室本身的需要。座舱中需要安置座椅、仪表、照明灯、生命保障系统、通信系统以及各种服务设施和设备。还要保障宇航员有足够的活动空间，要考虑宇航员进出方便。要有逃逸口，如果发生故障，需要紧急弹射时，座舱门要能自动打开，保证宇航员安全逃离。如果是海面降落，返回的座舱必须密封。无论降落在海面和地面，座舱必须经得起冲撞而不损坏。此外，座舱还应有开阔的视野，宇航员可以透过飞船的石英玻璃舷窗欣赏太空壮丽的景色，观察发射前的各种准备活动，飞船在太空轨道上的对接情况，返回时点火姿态和着陆情况，使宇航员在太空生活中有兴奋感，在太空活动中有安全感，同时也是对地观察的需要。

美国的"天空实验室"由工作舱、太阳能望远镜、过渡舱等五个部分组成，总重 77.5 吨，有效容积 360 立方米。宇航员居室是其主体部分，是一个长约 15 米，直径为 7 米的圆柱体，用隔板隔成卧室、餐室、观察室和盥洗室。卧室内有床铺、书柜、衣柜等生活设施。

从 1973 年 5 月到 1974 年 2 月，先后有三批 9 名宇航员在"天空实验室"工作，分别停留了 28 天、59 天、84 天，拍摄了太阳观测照片 18 万多张，地球资源照片 4 万

某空间站座舱

多张，进行了材料加工和医学、物理、化学等数百项科学实验。

宇航员的寝具

在太空飞行中，作为宇航员卧具使用的是活里睡袋，而活动的里子则起床单和被褥的作用。宇航员在睡前拉好拉链，只留下可让头部露出的开口。因为宇航员及其卧具均处于失重状态，因此，宇航员还要把睡袋用带子拴牢在固定点上。

为尽量减轻火箭发射负荷，又因空间站地方所限，所以睡袋应轻便（重量不大于 2.5~3 千克），叠起时占地方要小（约 10 立方分米）。由于睡袋只有一个尺码，故其长度应满足身高为 185~190 厘米的人使用，其宽度应不小于 70 厘米。

由于用途的特殊性，所以睡袋须选用卫生性能好的材料（毛、棉、亚麻）制造。而睡袋的保温性能则应满足 15℃ 环境温度下躺在里边睡觉的要求。

如为"礼炮 3"号轨道站乘员制造的睡袋是用拉夫桑人造棉作保温材料，而面料则采用体轻的卡普纶。该睡袋长度约 190 厘米，宽 70 厘米。其质量约为 2.5 千克，棉套厚度为 5~6 毫米。

1975 年，在"礼炮 5"号上采用了改进的睡袋。该睡袋系以浅蓝色毛料制造，睡袋设有供伸出手臂的开口，足部设有通风口，质量约为 3 千克。

探索空间站

空间站又称为"轨道站"或"航天站"，是可供多名宇航员巡航、长期工作和居住的载人航天器。在空间站运行期间，宇航员的替换和物资设备的补充可以由载人飞船或航天飞机运送，物资设备也可由无人航天器运送。

空间站在科学研究、国民经济和军事上都有重大价值。它的用途包括天文观测、地球资源勘测、医学和生物学研究、新工艺开发、大地测量、军事侦察和技术试验等。空间站还可以作为人类造访火星等其他行星的跳板，并试验载人行星际探索技术。

广义上讲，空间站可分为单一式、组合式两种。单一式空间站由运载火箭或航天飞机直接发射入轨；而组合式空间站则由若干枚火箭或航天飞机多次发射并组装而成。空间站通常由对接舱、气闸舱、轨道舱、生活舱、服务舱、专用设备舱和太阳能电池翼等部分组成。对接舱一般有数个对接口，可同时停靠多艘载人飞船或其他飞行器。气闸舱是宇航员在轨道上出入空间站的通道。轨道舱是宇航员在轨道上的主要工作场所。而生活舱则是供宇航员进餐、睡眠和休息的地方。服务舱内一般装有推进系统、气源和电源等设备，为整个空间站服务。专用设备舱是根据飞行任务而设置的安装专用仪器的舱段，也可以是不密封的构架，用以安装暴露于空间的探测雷达和天文望远镜等仪器设备。

1971 年，前苏联发射了世界上第一个空间站"礼炮 1"号，此后到 1983 年又相继发射了"礼炮 2 ~ 7"号。1986 年前苏联又发射了更大的空间站"和平"号，现该空间站已坠落于南太平洋预定海域。美国于 1973 年利用"阿波罗"登月计划的剩余物资发射了"天空实验室"空间站。

前苏联的"礼炮 6"号空间站是 1977 年 9 月 29 日从丘拉坦空间发射场发射的。初始轨道近地点 219 千米，远地点 275 千米，轨道倾角 51.6°，周期 89.1 分。"礼炮 6"号主要由一个服务舱和两个可居住的密封舱组成。这两个密封舱一个是位于站体后边的过渡舱，一个是工作舱。工作舱系由两个不同直径的圆柱体构成，中间同舱间段连接起来。"礼炮 6"号设有两个对接装置和 20 多个观测窗口，"礼炮 6"号所装载的观测仪器设备，均比以前各型号所载仪器有所改进。"礼炮 6"号同两艘"联盟"号飞船对接后总长达 30 米，总重约 32 吨。工作舱是空间站的中心，舱内设有各种仪器设备、控制中心、电传打字机及宇航员体育锻炼设施、医学监控设备、卫生设备、废品贮存容器、两架遥控相机等。过渡舱设有天文观测定向设备、照相控制设备等。在过渡舱和工作舱的舱间段中，装有生物医学设备，以及光谱仪、多光谱摄像机、两台黑白站内摄影机、三台站外摄影机和一台彩色摄影机。服务舱呈圆柱形，由螺栓固定在工作舱后面。舱内装有机动变轨系统、燃料箱、气箱、供电线路设备、姿态控制发动机、交会信标、电视摄像机、对接装置闪烁信号灯、无线电天线系统、太阳能电池帆板、对日定向设备等。工作舱长 9 米，直径 2.9 ~ 4.2 米，容积 90 立方米，是宇航员工作和生活的居室，自发射上天，先后有数批宇航员进入其间进行了时间不等的太空飞行。

我国将发射"天宫1"号目标飞行器，"天宫1"号的重量有8吨，类似于一个小型空间实验站。在发射"天宫1"号之后的两年中，我国将相继发射"神舟8、9、10"号飞船，分别与"天宫1"号实现对接。

我国首个空间站大致包括一个核心舱、一架货运飞船、一架载人飞船和两个用于实验等功能的其他舱，总重量在100吨以下。其中的核心舱需长期有人驻守，能与各种实验舱、载人飞船和货运飞船对接。具备20吨以上运载能力的火箭才有资格发射核心舱。为此，我国将在海南文昌新建第四个航天发射场，可发射大吨位空间站。

2001年11月20日，俄罗斯的一枚"质子"号运载火箭在哈萨克斯坦境内的拜科努尔航天发射场起飞，成功地发射了"国际空间站"的第一个组件"曙光"号舱。

"国际空间站"计划是1984年由美国总统里根提出的，原名为"自由"号，由美国牵头，现有16个国家参与建造，于2004年投入使用。继"曙光"号舱之后，美国又在后来发射了"节点1"号舱，并同"曙光"号对接到一起。站上的各种设备由俄罗斯火箭和美国航天飞机分45次运送到轨道上。

"国际空间站"由重新设计的"自由"号和俄原准备建造的"和平2"号两部分组成，两部分的交接处就是已率先发射的"曙光"号舱。全站建成后重426吨，长108米，宽88米（含翼展），运行在高约400千米、与地球赤道呈51.6°夹角的一条轨道上。该站初期可乘3人，后期可增至6人。它的规模大大超过了"和平"号。

美国"天空实验室"

美国在1973年5月14日成功发射一座叫天空实验室的空间站，它在435千米高的近圆空间轨道上运行，先后接待三批9名宇航员到站上工作。这9名宇航员在站上分别居留28天、59天和84天。"天空实验室"全长36米，最大直径6.7米，总重77.5吨，由轨道舱、过渡舱和对接舱组成，可提供

360 立方米的工作场所。1973 年 5 月 25 日、7 月 28 日和 11 月 16 日，先后由"阿波罗"号飞船把宇航员送上空间站工作。在载人飞行期间，宇航员用 58 种科学仪器进行了 270 多项生物医学、空间物理、天文观测、资源勘探和工艺技术等试验，拍摄了大量的太阳活动照片和地球表面照片，研究了人在空间活动的各种现象。1974 年 2 月，第三批宇航员离开太空返回地面后，"天空实验室"便被封闭停用，直到 1979 年 7 月 12 日在南印度洋上空坠入大气层烧毁。它在太空运行 2249 天，航程达 14 亿多千米。

空间站的环境

为造成与地球相似的生活环境，宇宙飞船设计时采取了一系列十分可靠的技术手段，模拟大气的混合比例，造成大气条件。"环境"包括座舱温度、湿度、气流等方面。太空的空气异常稀薄，在 200 千米的近地轨道，大气压力仅为地面的六百万分之一。人若无保护，就会造成体液沸腾，失去意识。因此，座舱大气的确定，是载人航天的一个重要问题。

为保证座舱内有近似地球的大气环境，座舱采取一个大气压的氧、氮混合压力制度，用罐装气体或电解供氧的办法使座舱中氧气占 80%，氮气占 20%，保障宇航员每人每天所需的 576 ~ 930 克氧气。对每人每天呼出的约 1000 克二氧化碳，采用分子筛吸附等方法处理，规定其浓度不大于 1%。

保持座舱内适当的温湿度。座舱通过自动调温、调湿和通风系统来实现温湿度的控制。而座舱热源首先来自人体热，每人每天大约产生 314 ~ 628 千焦（75 ~ 150 千卡）的热量，占总热量的 1/3；其次，太阳辐射和各种电子仪器散发的热量，亦占 1/3 左右。除座舱壳体采取隔热措施外，还采用专门的热交换器，把多余的热量吸收和辐射出去，使温度维持在 18 ~ 25℃。人体每天呼吸、出汗和皮肤蒸发排出水分 1.5 升，在座舱内形成水蒸气，倘若不及时除去，会使电路造成短路。座舱采取冷凝和化学吸收办法，使相对湿度控制在 30% ~ 70%。

经常保持座舱卫生。研究表明，人体代谢物达 400 种，倘若和各种垃圾、废物混合在密封舱内，势必会造成环境污染，给宇航员身心带来危害，研究人员采用物理吸附、化学吸收等方法为座舱排除空气污染。

在轨道上，飞船因处于失重状态，气体自然对流现象消失。为维持人体热平衡，便采取气体人工对流的方法，使气流速度保持在 0.3～0.5 米/秒左右。特别是人体头部，吹向眼睛的风速不宜过大。

种植植物和喂养动物，造成鸟语花香的世界。如前苏联先后在"礼炮6"号和"礼炮7"号空间站设置了特别温室，用以栽种小麦、豌豆、葱、郁金香和兰花等植物，现已证实在空间开辟绿洲的可行性。在太空作长期旅行，开辟空间绿洲，既给空间站提供良好生态环境，又可供给宇航员蔬菜、果品，真是一举两得。

宇宙飞船座舱的小环境，是宇航员生命保证的至关重要问题。无论是美国的"天空实验室"和前苏联的"礼炮"号空间站，其座舱的温控问题，一直是宇航工程设计攻克的难题。在以往的载人航天中，都曾发生过这样或那样温度失控的现象，使宇航员的心理和身体受到很大威胁。除了在工程上完善温控设计，目前航天医学又从医学的角度提出，在宇航员训练中适当扩大身体对宇宙飞船座舱环境的适应能力，作为缓减宇航员对太空环境不适应的辅助手段。用双管齐下的办法，使宇航员适应座舱小气候，使小气候服务于宇航员。座舱微小气候的调节，目的是保证宇航员在太空生活和工作期间有一个舒适安全的环境。

空间站的能源

由于空间站遨游在几百千米的轨道上，会出现空气稀薄、太阳无漫射、空间背景黑暗、对比度比地面大得多的现象，因此势必会造成宇航员视力下降，看不清仪表读数。

其次，飞船处在黑暗中时，舱内需用高效白炽灯或其他措施来保证亮度。为了录下宇航员的工作、生活情况及舱内景物，舱内还必须安置摄影灯。无论是日光还是灯光，舱内都要采取有效措施，使光线柔和、照度明亮。此外，除了照明外，飞船内许多设备和仪器都是需要电来启动并保持运转的。因此电源是飞船的心脏。那么，太空的电源是如何而来的呢？事实上，电源主要靠以下几种办法来解决：

（1）太阳能电池。这是一种可以把光能直接转换成电能的半导体器件，寿命长，可连续工作。只要向着太阳，太阳能电池就能工作，从而向仪器设备提供电能，同时给蓄电池充电。而当背着太阳时，蓄电池就接替太阳能电池供电。

目前太阳能电池方阵有两类：①立体装式，即太阳能电池直接安装在飞船的壳体上；②展开式，将方阵独立于壳体之外，形成单独部件。发射时以一定方式将太阳能电池方阵固定在卫星本体上，并收藏在罩内，进入轨道后才完全展开。

展开式的太阳能电池方阵

太阳能电池有硅太阳能电池、砷化镓太阳能电池、硫化镉太阳能电池。它们都是按一定要求串联和并联而成的。美国在"发现"号航天飞机上曾试验了一种柔性太阳能电池，它在天上展开的面积为 31 米×4 米，有 10 层楼高。这种电池采用印刷电路的方法在卡普隆薄膜上制成，可像手风琴一样展开和收缩，折叠时可收放在一个 18 厘米的小匣子里。它能产生 12.5 千瓦以上的电能，比普通太阳能电池在性能、寿命、用途上都略高一筹。

（2）燃料电池。它是一种将燃料的化学能转变为电能的电化装置，工作原理与一般蓄电池相似，也是由一种电解液隔开的两个电极所组成，既能产生电又能产生水。其种类有离子交换膜氢氧型、改进的培根型、石棉膜型。而额定功率则分别为 200 瓦、2000 瓦、5000 瓦。据数据资料显示，航天飞机在 7 天的飞行任务中，一共需耗电 1627 千瓦时，而电源则主要靠三个燃料电池供给，每个电池最小功率 24 瓦，平均功率 7 千瓦，最大功率 12 千瓦；整个燃料电池最大功率 24 千瓦，平均功率 14 千瓦。在一般情况下，只使用两个燃料电池。根据设计要求，燃料电池的寿命是 5000 小时，工作寿命为 2000 小时，每组燃料电池可以完成 29 次 7 天的飞行任务。

（3）核电池。该电池具有功率大、寿命长的特点。核电池大致分为两大类：放射性同位素电源和核反应堆电源，功率约为 2 ~ 5 千瓦。

据资料显示，前苏联已在发射的 33 颗海洋监视侦察卫星上安装了核电源。核电源能给卫星和飞船带来稳定的电源，亦给人类带来了忧虑。几十年来，前苏联已有多颗卫星发生故障，其核动力装置给地球上的人们带来难以排解的心理压力，使人时常担心核祸从天而降。目前美国正在研制 20 千瓦的空间核电源，工作寿命为 3 ~ 5 年，以接替寿命短的电池。

不论哪种电池，其电流均要通过功率分配和控制系统分配到飞船各处需要电源的部位去，通过计划分配来满足飞船及其乘员对电力的需求，保证宇航员正常的工作和生活。

目前，空间站的核发电技术正处在研究阶段。美国宇航局、能源部和国防部的战略防御创新办公室制定了一个"自供电 100 号计划"，预计发展中的空间站耗电量将超过 300 千瓦。这样大的电力供应量，只有依靠核发电来解决。

其核发电装置有三种构想：①把反应器牢固地安装在空间站上，星上系统需要有 38.5 ~ 49.5 吨的保护层来防止核辐射的破坏，这意味着要增加空间站的起飞重量。②用一根很长的软链把核电站吊在空间站上，这样虽可减少防护层的重量，但 30 千米长的吊链系统会使空间站加速并影响有关科学实验的失重环境。③安装在 200 千米高的自由飞行平台，其弊端是这种平台需要姿态控制、能源和通信系统，且难以修理。哪种方法可行，现在未成定论。如果空间核电成功的话，将标志着空间站上了一个新的台阶。

"进步"号货运飞船

"进步"号系列货运飞船执行向空间站定期补给食品、货物、燃料和仪器设备等任务。到 1993 年底，已发展两代，共发射"进步"号 42 艘，"进步 M"号 20 艘。它与空间站对接完成装卸任务后即自行进入大气层烧毁。这种飞船由仪器舱、燃料舱和货舱组成，货舱容积 6.6 立方米，可运送 1.3 吨货物，燃料舱带 1 吨燃料。它可自行飞行 4 天，与空间站对接飞行可达两个月。

宇航员的日常生活

　　遨游太空是充满浪漫与激情的活动，同时也是一项高风险、高强度的劳动。那么，宇航员一天之中需要消耗多少物质与能量？

　　氧气、水和食物是人类赖以生存的三大要素，若断绝供给会危及生命。断绝供给后，人的存活时间有所不同：断氧为2～3分钟，断水为3～5天，断食（不断水）为30～40天。因此，仅仅从生存的角度来看，供氧比供水重要，供水又比供食重要。太空是一个无氧、无水的环境，为了确保宇航员的安全，载人航天器必须供氧、供水和供食。

　　每位宇航员在太空中平均每天要消耗0.9千克的氧气，同时要排出大约1千克的二氧化碳。从地球带上太空的氧气可以气态、液态和固态的形式存在，也可以化学的形式储存在其他化合物中。"神舟6"号载人飞船上的氧气是以高压气体的形式储存在特种钢瓶中带上太空的。

　　在正常的轨道飞行中，每位宇航员每天需要饮用大约2.5千克的水。目前，所有载人航天器上的水都需要发射前从地球携带。对于长期的空间飞行而言，除了携带必要的水以外，发展和利用水的回收和再生技术对于减少后勤补给的负担和完成预定飞行任务至关重要。

　　航天食品的首要功能是供给热能。在短期航天飞行中，宇航员膳食热能供给量一般为每人每天1172千焦（280千卡）左右。各国宇航员每天摄取食品的重量随食品构成的不同有很大的差异。在"神舟6"号上，我国宇航员每人每天的食品重量为0.6千克。

　　在失重环境的太空中，宇航员一般会出现渴感消失、饮水减少、食欲不振和大量剩食，导致体重下降和营养不良。因此，为了防止出现剩食，各国营养专家都尽力把航天食品做得美味可口，尽可能根据宇航员的个人口味定制。

宇航员的饮食保障设施

　　空间站上的饮食保障设施也是非常考究的，而该饮食保障装置主要包括：宇航员食品、食品储藏装置、进食装置及处理设施等。

在航天初期，人们认为在太空不能吃固体食物，宇航员的主要食物是用软管包装的肉糜、果酱类膏状食物，吃的时候像挤牙膏似的将食物直接挤入口中。而现在，航天食品都是专门配置的高营养食品，以每个人每天摄取必需的热量来设计，当然食品的种类和营养成分够充分的了。最多的是即食食品，包括肉类、鱼类、细条实心面、饼干、面包等，分别装在罐装及密封软包装中。而在软管装食品中还有几道菜和水果酱、果汁等。另一类是脱水食品，有肉类，也有蔬菜。除此之外，也有一些直接从超市购买的在地球上常吃的易拉罐食品，水果布丁、糖果点心、花生酱、三明治等应有尽有。

各类食品分装在食品柜和冰箱中。进食时，即食品只需在烘箱里热一下便可。事实上，最费事的要数脱水食品，这种食品都装在塑料盒里，盒子的一角有层隔膜，食用前先要对食品进行还原充水。将空心的针管插入盒内，转动充水器的旋钮即可调节热水或冷水的注入量。此外，需要熟食的食物则在厨房的炉灶上烹煮。进餐时要特别小心，宇航员们用叉子或勺子把食物送进嘴里，尽管多数食物比较黏稠，动作还是得缓慢而仔细，否则食物碎块可以把宇航员呛死或者到处飘浮，得用手把它们捕捉回来。

在太空用勺子进食与地球上有所不同，因为没有了地球引力，食物不会稳稳地待在勺底，这些食物有的在勺底，有些却是在勺边甚至是勺尖上。就餐时，每人有一个托盘作餐桌，托盘放在腿上，用钩刺式胶带粘住。脱水食品的塑料盒嵌在托盘的凹槽里，即食食品则用托盘一角的钢夹夹住。托盘上还有一块磁条，使餐具不致飞走。在太空中，零重力可能会导致脑充血而影响味觉，跟感冒了吃东西没味道的情形相似。因此，那些因失重而胃口欠佳的宇航员会吃一些辛辣味很浓的食物。太空中不能用辣椒面一类的调味品，但厨房里备有盐水和辣椒水，装在像眼药水瓶一样可挤压的瓶子里供宇航员取用。进食过程中当然还要防止碎屑及废弃物的乱丢，而是要放在专设的废品收集器中，否则不是垃圾满地，而是垃圾满屋飞。

为了改善宇航员的生活及进行植物的试验，在空间站上还进行植物的栽培和生长试验，这样一来，宇航员既可以吃到新鲜的蔬菜又能减轻地面的负担，一举数得。

宇航员的供水系统

事实上，空间站上的供水系统也是生命保障的重要系统，有意思的是水系统一直在密封的系统内工作，它是由贮水容器、手动泵、防护组件和饮水装置等部件组成的。水一般是由地面带上去的，储存在空间站上的贮水容器内，而饮水装置就是用来饮水的。

当宇航员需要喝水时，可不像在地面上喝水那么方便。他们先要打开防护组件开关，取出个人用饮水管，将之接好，把水嘴放入口内，再按放水阀按钮来饮水，不允许有水滴滴出来。因为水在太空既是必需品也是危险品，空间站里飘浮的水珠如果被宇航员吸入气管可使人窒息而死，渗入设备线路中也是发生事故的隐患。宇航员喝的水第一要保证无菌、不浑、不变质，所以他们饮用的水里都有一种添加剂。由于太空的失重环境使得这里不分上下，把茶杯倒过来，杯子里的水也不会流出来，所以杯子里的饮料也不会自己流进宇航员的嘴里。太空饮料都是干粉，装在铝袋里，袋子上有注水口，饮用前用注水针往袋内注入冷热水均可，再插入吸管就可饮用了，各人的饮料袋上会有彩色标志用来区别。可供宇航员选择的饮品有净水、茶水、可可、咖啡及其他果汁等。

随着技术水平的提高和空间站尺寸的加大，以及多次飞行取得的经验，宇航员在空间站的居住条件不断地在改善，例如有了单独的卧室、专门的餐厅、专门的淋浴洗漱间，还有健身房。这样一来，水的用量必然增加，而空间站的水90%都要从地球用运输飞船运送，是非常宝贵的。为了解决这个问题，空间站上采用水的综合利用，把用过的废水回收后经过处理继续用，甚至将尿液经过再循环后当做饮用水，在很多时候也会由物质的化学反应生成水。

宇航员的呼吸系统

研究表明，在空间站上供应的最好气体应该是与我们地球上大气成分相同的氧—氮混合气。该气体不但符合人的习惯，而且安全。而事实上，舱内的气体供给和控制有着一套复杂的系统，舱内的大气总压力及氧气的分压力是通过传感器来测量的，使它必须接近自然大气压力和混合浓度。

当压力过高时可以通过自动控制排放出去，而压力下降时则可以自动补气。当低到一定的最低限就会报警，产生这种情况的原因往往是由于舱体或管路泄漏或者密封舱门失效而造成。而实际的系统是极其复杂的，除了保证供气外，还要进行压力监测、气体净化、气体成分分析，采用风机促使气体的循环流动，把有害的气体成分减少到允许的范围内等。舱内气体的供应，早期是用大的气瓶由地面携带上去，而后来则由特定物质的化学反应生成。

宇航员的睡眠系统

在失重的环境里，躺下和站着没有区别，所以说宇航员可以不用躺在床上睡觉，他们可以在任何地方、以任何姿势睡觉。宇航员在睡眠中会像灰尘一样在舱内飘来飘去，但是没有谁是这样睡的，因为这样一来就会发生相互碰撞或是撞在舱壁上，人就会不断被弄醒，弄不好还会被撞伤。再说，如果有人上厕所，就要一路走一路把飘浮在四周的睡眠者推开。那么，应该如何睡呢？宇航员一般都睡在布制的拘束袋内，睡袋的顶端系在一个固定的位置或是两端都固定，人钻进去后拉上拉锁，这样既保暖又可固定睡眠者。在空间站里由于宇航员较多，有时也在生活舱中设置双层床，可睡多人，但睡前也要将身体系牢，以免睡着后飞走。在失重环境里睡觉有一个奇怪的现象，就是当人睡着后双臂会自己摆动，这是很有趣的。

在太空，宇航员每次睡觉不超过 8 小时，其实很多人不愿睡足 8 小时，而更愿早点儿起床观赏太空美景。事实上，在太空睡觉和在地面一样，也会做梦，此外也会打呼噜，只不过如果是在地面上，翻身时鼾声就会停止，而在太空的失重环境下不存在翻身的问题，所以一旦打起呼噜便很难停下来。

如果大家都睡了，空间站的运行会不会受影响呢？在空间站，人员分为两组，总有一组在值班。不过无论宇航员是醒还是睡，地面指挥中心时刻都在监视着空间站系统的工作，一旦有紧急情况，警铃会叫醒熟睡者。

宇航员的如厕系统

在地面上大小便很方便，只要去一趟厕所就解决了。但在太空中这却成了一件令人头疼的事。太空中的微重力使任何物体都可以到处飞，食物飞起来可以抓回来，工具飞起来也可以抓回来。但要飞起来的是大小便，可怎么办？如果处理不好大小便，不仅会使整个空间站内满是污秽，而且还会使仪器、设备短路而发生危险，所以这大小便问题就成了大问题。空间站中的厕所不仅要求尺寸合适，而且还要求具有能吸出大小便的吸力。尽管男女生理结构不同，不过，现在已设计出了男女通用的厕所。

据资料透露，该便桶的中央有一个管道，管口有活动盖板，管口周围还有一圈很小的吸孔，便桶的右侧有控制杆，可以操作吸孔和盖板的开关。便桶两侧还各有一个把手，宇航员飘到便桶上后将把手向内拉，让他们铐住自己的大腿，这样人就不会在解便时飘走了。宇航员坐好后将控制杆向前推，盖板和吸孔同时打开，大便就通过吸孔被吸走了。然后再将控制杆拉回原位，管口就被盖上，吸泵也被关掉，这时粪便就被隔绝在便桶下面了。用过的手纸不能扔进便桶，便桶左侧的控制杆上有个小桶，它的功能类似真空吸尘器，手纸放进去后会被牢牢吸住。用完后这个小桶要放回到便桶的背后。

那么小便时又怎么办呢？资料上显示，便桶上有一根吸尿管，尿液由这根管子进入储尿箱，为方便不同性别的宇航员使用，吸尿管的吸头有两种，男性用漏斗状吸头，小便前将它接在管子上；女用吸头则是根据女性生理构造设计的，不会有丝毫泄漏。宇航员在升空前要反复练习如何使用太空便桶，看来太空中的"方便"并不方便。

"神舟6"号

2005年10月12日9时整，"神舟6"号飞船顺利升空，实现了两名宇航员多天飞行，他们分别是：聂海胜、费俊龙。"神舟6"号于10月16日凌晨安全返回，使我国载人航天技术进一步成熟。"神舟6"号实现了第一次进行多人多天太空飞行试验，为未来航天员在空间站生活和工作奠定了基础。第一次实现宇航员进入轨道舱。航天员首次往返轨道舱，进行了失重状态下的关闭返回舱门及检漏试验。第一次进行了真正有人参与的空间科学试验。

解密宇航服
JIEMI YUHANGFU

宇航服是保障航天员的生命活动和工作能力的个人密闭装备，可防护空间的真空、高低温、太阳辐射和微流星等环境因素对人体的危害。在真空环境中，人体血液中含有的氮会变成气体，使体积膨胀。如果人不穿加压气密的宇航服，就会因体内外的压差悬殊而发生生命危险。宇航服是在飞行员密闭服的基础上发展起来的多功能服装。早期的宇航服只能供航天员在飞船座舱内使用，后研制出舱外用的宇航服。现代新型的舱外用宇航服有液冷降温结构，可供航天员出舱活动或登月考察。

宇航服按功能分为舱内用应急宇航服和舱外用宇航服。舱内航天服用于飞船座舱发生泄漏，压力突然降低时，航天员及时穿上它，接通舱内与之配套的供氧、供气系统，服装内就会立即充压供气，并能提供一定的温度保障和通信功能，让航天员在飞船发生故障时能安全返回。飞船在轨道飞行时，航天员一般不穿宇航服。

用科技打造的宇航服

为了阐明宇航员装备应满足的要求，就必须指出航天飞行器乘员所处的最为典型的条件：在 ±5℃的气密座舱条件下飞行；在 (20±50)℃的不同气候条件下降落。

实际上不可能制造出一种能保证在上述条件下生存的万能服装。所以，提供给宇航员的是各种配套的服装，可以根据面临的客观情况选用：宇航员在飞行过程中自始至终使用的飞行服；舱内温度下降时和应急着陆（溅落）后所用的服装。

宇航服

我们知道，宇航服能构成适于宇航员生活的人体小气候，它在结构上分为六层。

内衣舒适层

宇航员在长期飞行过程中不能洗换衣服，大量的皮脂、汗液等会污染内衣，故选用质地柔软、吸湿性和透气性良好的棉针织品制作内衣舒适层。

保暖层

在环境温度变化范围不大的情况下，保暖层用以保持舒适的温度环境。宇航服保暖层选用保暖性好、热阻大、柔软、重量轻的材料，如合成纤维絮片、羊毛和丝绵等制作。

通风散热器

在宇航员体热过高的情况下，通风服和水冷服以不同的方式帮助其散发热量。若人体产热量超过 1465 千焦（350 千卡/时）（如在舱外活动），通风服便不能满足散热要求，这时即由水冷服降温。通风服和水冷服多采用抗压、耐用、柔软的塑料管制成，如聚氯乙烯管或尼龙膜等。

气密限制层

在真空环境中，只有保持宇航员身体周围有一定压力才能保证宇航员的生命安全。因此，气密层采用气密性好的涂氯丁尼龙胶布等材料制成。限制层选用强度高、伸长率低的织物，一般用涤纶织物制成。由于加压后活动困难，各关节部位采用各种结构形式：如网状织物形式、波纹管式、橘瓣式等，配合气密轴承转动结构以改善其活动性。

隔热层

宇航员在舱外活动时，隔热层起过热或过冷保护作用。它用多层镀铝的聚酰亚胺薄膜或聚酯薄膜并在各层之间夹以无纺布制成。

外罩防护层

它是宇航服最外的一层，要求防火、防热辐射和防宇宙空间各种因素（微流星、宇宙射线等）对人体的危害。这一层则大部分是用镀铝织物制成。

与宇航服配套的还有头盔、手套、靴子等。

目前，美国和俄罗斯使用的都是软硬结合式的宇航服。无论哪种宇航服都由多层组成，它们互相连接形成一个整体服装，但要求各层的质量要高、要轻、不能过厚，以避免影响宇航员的行动。以舱内使用的低压宇航服为例，其基本结构与功能是这样的：由最贴身的里层往外数，第一层为内衣裤，选用纯棉布或棉麻布制作。第二层是保暖层，它和内衣裤结合，选用羊毛制品或合成纤维片制成，起保温和隔热的作用。第三层为通风散热层，其结构比较独特，是由很长的微细管道连接在衣服上而制成的，在人体与外界隔绝的情况下，它可以把人体产生的热、水和气味带出去。第四层是气密加压限制层，它既要充气加压，使身体有足够的压力，不能漏气，又不能使服装过于膨胀，要防止外界的磨损，还要使各关节活动自如。所以这一层结构的选材和设计都比较难，是宇航服装的关键层。第五层为隔热层，也叫真空隔热层。这是由5~7层涂铝的聚酯薄膜构成，各膜之间用网状物隔开，贴在一起形成屏蔽。它有良好的隔热和防辐射作用，舱外宇航服必须有这层，舱内宇航服可以不加这一层。例如，美国"阿波罗"号飞船、航天飞机上用的宇航服都没有这层，而前苏联的"上升"号飞船和俄罗斯的"联盟"号飞船中使用的舱内宇航服就有这一层。最外边一层是外罩层。这个外套要求防磨损力强、耐高温，除能防护内部各层不受损坏外，还要注意到颜色，一般用白色或金黄色为好。

宇航服发展记

资料表明，世界上第一个使用宇航服装备的人是美国冒险家威利·波斯特。20 世纪 30 年代初，他在驾驶"温尼妹"号单座机向横越北美大陆飞行的挑战中，将飞机上升到同温层。当时波斯特身穿的高空飞行压力服，是用发动机的供压装置送出的空气压吹起来的气囊。

第一代宇航服

第一代的宇航服是 1961 年在美国问世的。当年 5 月，阿仑·谢泼德第一个成功地进行了美国最早的载人航天飞船计划——"水星"计划的亚轨道飞行。他飞行所用的宇航服，是由当时美国海军的高性能战斗机飞行员穿着的 MK—4 型压力服加以改进的。这种宇航服由氯丁橡胶涂在布上的防护层和经过氧化铝处理的强化尼龙的内绝热层叠合而成，肘和膝关节部分缝入了金属链，容易弯曲。但是，当内压提高时，宇航员难以活动身体。

第二代宇航服

第二、三代宇航服

20 世纪 60 年代中期在实施"双子星座"计划时，美国又开发了第二代宇航服。这种宇航服在封入空气压的压力囊外蒙上了一层用特氟纶混纺材料织成的网，即使空气压使宇航服

航天飞机用宇航服

整体膨胀也容易弯曲。由于"双子星座"计划要求宇航员进入太空在轨道上作会合或入舱的活动，所以这种宇航服具有极佳的运动性。

第三代宇航服是实施"阿波罗"计划时使用的宇航服。月面活动与浮游在太空活动的情形不同，必须一边步行在遍地皆是岩石的月球表面，一边弯下身体采集岩石标本。再者，要求保护宇航员能经受强烈的太阳光辐射，以及从天而降的微小陨石砸在身上也不致破损。

这种宇航服在关节周围制成伸缩自如的褶皱，大大提高了运动性能。但是，必须穿着特殊的"内衣"。这种几乎盖住全身的网状内衣缝入了长达 100 米犹如意大利空心面条那么粗的盘成网状的管子，管内流过冷水，吸走宇航员身上散发的热量，并排到宇宙空间，所以宇航员穿上后感到十分舒适。穿在内衣外的宇航服由内绝热层、压力层、限制层（抑制压力层的膨胀）几层重叠，最外面还蒙上聚四氟乙烯与玻璃纤维制成的保护层。再戴上强化树脂制成的盔帽、与宇航服几乎一样多层的手套，穿上金属网眼的长筒靴，就是完整的"阿波罗"宇航服了。

"阿波罗"宇航服与过去的宇航服相比，其根本差别就在于采用了便携式生命保障系统，即将生命保障系统固定在背上，以进行供氧、二氧化碳的净化和排除体热。

第四代宇航服

现在航天飞机上的宇航员使用的宇航服可以说是第四代宇航服了。在此之前，宇航服是定做的，不仅开发和制作上耗费巨资和时间，而且一件宇航服只能用一次，已远远不能适应新的需要。

航天飞机用的宇航服不是定做的，它是根据人体的造型把宇航服分成几部分，分别被规格化为"特大"到"特小"几种尺寸，然后成批生产，加工成现成的服装。宇航员只要从中选择合身的各部分，重新加以组合就可得到一套满意的宇航服了。使用后，也不像过去那样送进博物馆，而是把宇航服再分解，各部分清扫后再次使用，计划使用寿命是15年以上。

在"阿波罗"时代穿好一身宇航服需要一小时，现在穿航天飞机用宇航服（包括生命保障系统在内的舱外机动装置）只要10～15分钟就足够了。新的生命保障系统可在长达7个小时内向剧烈消耗体力的宇航员供给必要的氧、冷却水、电力。不仅如此，头盔内侧还可供给500毫升的饮料和少量的航天食品。

至于大小便的处理，在进行舱外活动前，必须在舱内大便完毕，而小便可以在宇航服中排泄，因为配备了尿抽吸装置。目前，还只有供男性使用的装置，女性用的（尿布型）正在开发之中。将来，女宇航员也不用为排尿担心了。

现在正在开发的宇航服与过去的宇航服相比，外观上有明显的不同，全身是金属铠甲那样的刚性结构，仅关节部分是可折皱的软结构。这种宇航服的内压可提高到0.54个大气压，所以宇航员穿这种新宇航服进入太空之前不需要准备过程，也不用再为沉箱病担心。但是，内压提高使这种新宇航服变得笨拙，运动性差。目前已试制成的这种宇航服重达90千克，穿在身上根本无法在地面上行走。所幸的是，在太空中，重力变小了，宇航员不用费很大的力气。不过，重力变小了，质量还是没变，因为它具有和原来一样的惯性，所以宇航员不能快速移动。

宇航服的制造和发展时间还相当短，未来的宇航服将更适合人类航天和在太空生活的需要！

航天手表

航天手表是为太空航行专门设计的手表，材料适合航天特殊环境。它比一般手表表盘大，实现功能也比普通手表多，上有三个小表盘，分别是小时、分钟、秒。可以读北京时间和飞行时间，另外可以转动表盘计时。航天手表可让航天员在漆黑的太空中清楚地知道地球的昼夜之分，保障航天员的生活规律与地球同步，不至于打乱生物钟。

舱外活动宇航服

宇航员在太空飞行，绝大多数活动是在飞船和空间站进行的。但有时也需要进入太空开展舱外活动，长期载人航天还有物质的补给，也是舱外活动的内容之一。

步出飞船或空间站在太空条件下行走，既非靠脚去步行，亦非毫无保护地去自由活动，而是在严格的保护措施下有限度的飘游。这种严格的保护措施就是舱外活动系统，亦称为舱外活动宇航服（具体结构见宇航服节），曾经历过两次重大改革。

世界上第一个实现空间行走的是前苏联宇航员阿历克赛·列昂诺夫。

1965 年 3 月，他穿着一套十分笨重臃肿的宇航服在空间停留了 10 分钟，三个月后，美国宇航员爱德华·怀特也实现了空间行走，他把在空间停留的时间延长到 21 分钟。美国宇航员穿的宇航服从那时以来已经进行了两次重大改革。开始的时候，宇航服除了笨重臃肿，行动不便外，还有一条"脐带"同密封舱连接在一起，宇航员需用的空气和水等都通过这条"脐带"供给。美国宇航员登月时，宇航服经过了第一次重大改革，它已经没有限制活动范围的"脐带"而能独立自成体系，宇航员需用的一切供应都由宇航服携带。

1983 年 4 月 4 日，美国"挑战者"号航天飞机两名宇航员在太空待了 3 小时 40 分，也是沿袭这种"脐带式"太空行走，终未脱离母体。这次太空行走，是"挑战者"号在离地面 280 千米的圆形轨道上绕地球运行第 50 圈时实现的。当时，它正在太平洋上空以时速 2.8 万千米运行。密封舱与货舱之间的气闸室的圆门缓缓打开。为了防止高空病，已在气闸室里呼吸了 3.5 小时纯氧的两名宇航员——47 岁的马斯格雷夫和 49 岁的彼得森，穿着雪白蚕茧一样的新型宇航服，一先一后稍带困难地进入已向空间敞开的货舱。舱中装载的一颗 2.5 吨重的通信卫星已于前一天弹射出舱,空荡荡的货舱里,一根绳索从一端通向另一端,另外还放置着试验用特别工具箱、绞车和滑轮等。进入货舱后,两人首先把各自宇航服上的一根 15 米长的带子一端夹在货舱里的缆绳上,以防"飘"出舱外。他们原定空间行走的时间是 3.5 小时,后因情况良好,地面指挥中心决定再延长半小时左右。他们在失重、真空等条件下在货舱中来回走动、伸臂屈手、弯腰屈腿、翻腾打滚、飘游蹦跳,以试验第一次使用的宇航服的可靠性和灵活性,并试用工具箱中的各种专门为空间使用而设计制造的工具;试验搬运 20 多千克的物体,以便为将来的宇航员在空间使用这些工具修理卫星或建造大型空间站等取得经验。当空间行走的任务完成时,马斯格雷夫和彼得森已经在空间绕地球运行了两圈。于是便先后返回气闸室,在气闸室内呼吸了 3.5 小时的纯氧后脱掉宇航服,重新进入密封舱。

人类首次脱离"母体"的太空行走,则始于 1984 年 2 月 3 日,美国"挑战者"号航天飞机第四次飞行。两名宇航员首次不系安全带在太空分别自由行走了 90 分钟和 65 分钟,第一次实现了真正的太空自由行走,引起了世界的轰动。紧接着 1984 年 2 月 8 日至 10 月 2 日,前苏联"礼炮 7"号飞船上的宇航员在连续 237 天的太空飞行中,先后 6 次进行太空行走,时间共达 23 小时。女宇航员特兰娜·萨维茨卡娅于 1984 年 7 月在太空行走了 3 小时 35 分,成为太空行走的第一个巾帼英雄,受到举世瞩目的关注。

出舱用的全压服必须给有关人员提供为完成下列任务所需的必要生活条件:

(1) 安装和拆卸航天飞行器外表面上的各种设备和仪器;

(2) 维护各种生产新材料的装置和焊接设备以及进行各种技术性工作;

(3) 把由地面送来的舱段拼装成轨道站;

(4) 营救遇险的飞船乘员。

舱外活动服尚需根据其用途保证:

(1) 预防航天空间有害因素的影响(低气压、离子辐射等);

(2) 预防对着太阳时过热和背着太阳时过冷;

(3) 预防撞上直径为 300～400 微米的陨石物质时被击坏;

(4) 防止视觉器官受到太阳辐射的有害作用;

（5）完成规定工作范围内所必需的活动性。

制造全压服的材料必须具备对航天空间因素长时间作用的稳定性，且在太阳辐射及真空的作用下不改变其物理、机械及光学特性。宇航服的结构应可靠而不发生故障，应具有应急时能自动切换的复式系统。出舱全压服应配备辐射剂量表，借以发出受到危险剂量穿透辐射的信号。为了对宇航员状况随时进行监测，应预先考虑到向航天飞船（或地面）传送不断变化的遥测信息之可能性。

舱外活动服可以是完全独立的（自足的），也可借缆索之软套管及导线与航天飞行器连在一起，并通过这些东西输送氧气、电能和实现通讯联络。

在独立式系统中，生命保障系统及氧源和电源放在背包里。舱外活动中进行的测量表明，舱外工作消耗大量能量。结果表明，设计独立生命保障系统时必须以 3 升/分的供氧量为基点，平均耗氧量为 80 升/时，可保证达 450 瓦（1675 千焦/时）的能耗。

出舱全压服的构造

对出舱服（舱外活动服）提出的种种要求为其结构带来新的要素：

（1）具有必要的反射及吸收性能之外衣；

（2）真空屏蔽隔热性能；

（3）陨星体防护；

（4）能保护眼睛，使用不受航天因素有害作用的头盔面罩玻璃；

（5）活动范围更大的活动关节；

（6）热容量更大的冷却系统。

出舱全压服的外衣

外衣系表面防护层，防止全压服出舱时可能受到的机械损伤。服装的表层应具备必要的光学性能并能尽量维持合理的热平衡。防火性能对衣料选择意义也不小，应选用点燃温度高的自熄材料。外衣做成连身工作服的形式，以绳带或搭扣与全压服连接。通常采用很牢固的弗尼纶织物以及抗撕性能良好的敷有聚四氟乙烯的玻璃纤维织物制造，其抗撕阻力不低于 50～100 牛顿。为了使服装不限制活动，通常在关节部位打褶或插入橘瓣式活动关节。

外衣上还缝有存放个人随身用品的衣兜。宇航员所承担任务的性质也对宇航服提出了一系列的特殊要求，例如，焊接工作要求服装防备熔化金属的溅射，且遇到高温金属时不致被破坏。

出舱服衣体

在可靠性、气密性、活动性及对航天环境因素的稳定性方面，对出舱服衣体的要求比对应急全压服衣体的要求要高。为了提高可靠性，有些出舱全压服有两个气密层。第二气密层系备份，只有当主气密层（外层）损坏时，才启用第二层。办法是在第二层上装一个备份压力调节器，令其在主气密层压力降至给定值以下时开始工作。装在主气密层上的压力调节器使全压服内余压维持在 27 千帕。压力调节器装在备份受力层上，当衣内压力降至 225 千帕时开始工作。压力调节器保护全压服内余压维持在 40 千帕，同时又在衣内压力达 452 千帕时起安全活门作用。

穿衣时间、出舱准备时间以及是否可供不同的机组人员穿用，对出舱服意义重大。穿软式服的宇航员要花费大约一小时进行出舱准备工作，而穿硬式服的宇航员则只需 10 分钟左右。软式服系按量体裁衣方式为各个成员单件制作，半硬式服则只有一个尺码，可供任一机组成员穿用。宇航员的生产活动要求全压服使用更多的辅助轴承，以保护完成规定的工作内容。典型的例子就是腰部断开并装上轴承的全压服，宇航员穿着这种服装可以大弯腰和转身。

 知识点

"海鹰－M"型出舱活动航天服

"海鹰－M"型出舱活动航天服是在"海鹰－DMA"型航天服的基础上发展起来的。"海鹰－M"型航天服最初是为"和平"号空间站设计的，从 1997 年 4 月开始有三套服装在"和平"号空间站上使用过，曾经完成三次太空行走，每次太空行走时间在 5 小时左右。

俄罗斯参加美国的"国际空间站"计划以后，为了适应国际空间站的特

殊要求，美国希望俄罗斯进一步提高"海鹰"型出舱活动航天服的性能，因此俄罗斯对"海鹰－M"型出舱活动航天服进行了改进。2001 年这种专门为国际空间站生产的出舱活动航天服开始在站上使用。

登月全压服

登月全压服的用途及要求

对登月服必须提出以下基本要求：

（1）独立无援地在凹凸不平的月面行走；

（2）完成规定的工作和科学研究项目；

（3）在月球表面固有的温度变化下，保持全压服内的正常温度条件；

（4）防备受到陨星物质（一次和二次物质）的伤害。

登月全压服结构特点

登月服的研制有两条路可走：改造软式全压服和研制新型硬式（刚性）或半硬式（半刚性）全压服。研制软式登月服就意味着要改进软衣体的全压服，尤其是加强衣面的防护性能和提高真空屏蔽隔热层的热阻，加强防陨星体的性能，提高头盔的光学性能，研制登月鞋，提高全压服的活动性。

之所以要加强衣面的防护性能，是因为必须防备衣面及里边的层次在直接接触月面时受到机械损伤。美国登月服的衣面系用敷有聚四氟乙烯之坚固的玻璃纤维织物制成，织造这种织物用的是 3～5 微米粗的玻璃纤维。

提高真空屏蔽隔热层热阻的理由是月球上存在着月面被加热而造成的强大热流，再者全压服吸收的热量也因衣面落上月尘致改变光学性能而增加，真空屏蔽隔热层至少应提供零下 100℃至零上 120°的温差防护。提高陨星体防护的要求则与存在二次陨星体（碎片）有关，这种碎片速度要小些（1～1.5千米/秒），但致损力却相当大。宇航员要在不同的照度下（月亮日和月亮夜）工作，所以必须改善头盔的光学性能。

头盔的半球形透明部分采用聚碳酸酯制成。头盔前侧装有摄食及饮水用的活门。登月之前再把一个可取下的部件戴在头盔上，此部件上有两个滤光镜和遮光罩，滤光镜在开放的航天空间及月面上才用。外镜可透过16%的可见光并反射掉相当一部分紫外线和红外线。内镜可阻止可见光、紫外线及红外线之总能量的30%。遮光罩可防止有碍工作的眩光。

登月鞋应具备良好的隔热性能，防止因在灼热的月面行走而致脚掌过热。此外，登月鞋还应坚固而轻便，且在150℃左右温度下具有热稳定性。用耐热纤维制造的可穿脱皮鞋形式的登月鞋可满足上述要求，其鞋底系由硅酮橡胶制成。

提高全压服的灵活性乃是最大的难题。为此，在全压服结构里增设了肘部及腕部气密轴承、盆腿间及腿足间轴承和臂部及腿部的折叠式关节。

有关硬式全压服的优缺点，目前尚缺乏足以进行全面评价的资料，只有经过实际的应用才能作出正确的结论。可作为硬式全压服优点的有如下几个方面：衣内可建立较大的压力；利用可燃材料时无起火之虞；没有被陨星体击伤的危险；关节部位弯曲应力较小。

其缺点是：质量大；无余压时活动受限；包装状态体积大。美制半硬式全压服是一种软硬式之间的过渡形态。衣体分两部分，由腰部断接。此外，尚有一通过右肩的穿脱口。

它有6个气密轴承（肩、肘、腕各2个）。肩部举臂、肘部弯曲及膝部弯曲借轴承（关节）实现。所谓轴承乃是几个用涂胶布连在一起的金属环。弯曲时，环间的涂胶布折叠起来。纵向应力则由绳索承受。腿足间轴承保证足部在两个平面上的运动。腕部转动也借助类似的轴承实现。盆腿间轴承系统由气密涂胶布制成，纵向应力由装在导向件上的绳索承受。全压服配套头盔系半圆形，面罩不能自由收放。

应急救生全压服

全压服的作用

应急全压服系航天飞行器乘员的个人防护装备，在下列情况下与生命保障系统配套使用：

（1）座舱突然失去气密性；

（2）座舱内空气组分温度条件遭到破坏；

（3）应急离开航天飞行器。

全压服也是一种具有多种用途的装备，不仅可以预防低气压的有害作用，而且也能保温和散热，弹射时可防迎面强气流吹拂，落在水里又可提供浮力。

全压服的特点使其应用比较复杂：

（1）全压服内必须经常通风换气；

（2）全压服于建立起余压后限制人体活动；

（3）舱内设备的布局要考虑到全压服之受限的活动范围，同时也要适应全压盔面板处于闭位时使用全压服的要求。

由于全压服及其系统既重要又复杂，对它的要求也就很高。在具体场合下，上述要求也可以补充或更改，这与航天飞行器的结构和用途有关。

在国内外已有经验的基础上，可对全压服提出下列共同要求：

（1）高度的使用可靠性；

（2）良好的活动性；

（3）重量和体积要尽量小些；

（4）维护简便，可以修理；

（5）失火时要安全；

（6）在给定的振动和温度范围内具有良好的防振性能和热稳定性；

（7）全压服及其零部件的强度应具有 2.5～3 的安全系数；

（8）可用手动方式调节衣内压力和通风空气的温度；

（9）可不靠他人帮助迅速脱下（2～3 分钟），最好能在 5～6 分钟内自行穿在身上；

（10）飞行中，全压服在气密座舱内不应限制人体活动；座舱失去气密性，因而服装内有余压时，宇航员应能操作各种必须要用到的手柄、推拉开关和按钮；

（11）全压服不应妨碍宇航员在地面行走时的动作；

（12）为了提供利用全压服时所需的生活条件和使参量合理化可采用下列数据：为了预防高空疼痛，选取不大于 7 千米 [41 千帕（308 毫米汞柱，

0.42 千克力/厘米²）〕的设计高度；根据保证地面高度呼吸条件 P_{O_2} = 14.6 千帕（110 毫米汞柱）的要求，选择不大于 10 千米〔226 千帕（197 毫米汞柱，0.27 千克力/厘米²）〕的工作高度；从保证 P_{O_2} = 10.9 千帕（82 毫米汞柱）出发，短时间飞行（2 小时以下）的工作高度限于 11 千米〔22.4 千帕（169 毫米汞柱，0.22 千克力/厘米²）〕；飞行时间在 15 分钟以下时，最大高度为 12 千米〔19.5 千帕（147 毫米汞柱，0.19 千克力/厘米²）〕，以保证 P_{O_2} = 8 千帕（60 毫米汞柱）；

（13）全压服头盔内的二氧化碳分压不得超过 2～2.8 千帕（15～21 毫米汞柱）。盔内空气湿度宜维持在 40%～70% 范围内。

全压服的头盔

全压服头盔用途及要求：全压服头盔必须保证气密、防碰撞、防噪声以及必要的视野。依据头部人体测量尺寸制造的全压服头盔，重量应尽量压低。宇航员应能自行摘戴头盔而无需他人帮助。

头盔的重量乃是描述其应用特点之最重要的因素。全压服内没有压力时，头盔的重量全落在宇航员的肩上，使之不适，重量在 2500 克以上的头盔即认为是过重了。

防噪声问题也很现实。在动力上升阶段，航天飞行器舱内噪声水平可达100 分贝。对于每天 8 小时的宇航员工作条件来说，允许噪声水平不大于 70分贝，1000 赫。噪声防护借头盔结构实现。

头盔面板玻璃与潮湿空气接触时可能结雾，可采用双层玻璃及电加温，即两层玻璃间夹有金属丝网或导电膜。

头盔结构形式：现有头盔可分为固定式（钟罩状）和活动式（转动式），后者可架在气密轴承（颈圈座）上，做旋转运动。钟罩形头盔又有可摘下和不能摘下的区别。这种头盔体积较大（直径 300～320 毫米），以便头部能在盔内转动。头盔因所用材料不同，又有软式和硬式之别。

全压服的罩衣

穿在应急全压服外面的罩衣用来防止全压服防护层受到机械损伤和固定及存放必要的应急手段和宇航员随身物品。

对罩衣纺织材料有如下要求：

抗撕阻力不少于 100 牛顿；断裂应力 1.5～2 千牛顿（试样布条宽度为 5 厘米）；织物质量不大于 120～150 克/米；在座舱环境内能自熄。此外，织物应具有整洁的外观并能清洗。罩衣取宽松连身工作服形式，应便于脱下，同时保证能利用衣上附带的物品及装具，衣服的颜色据全压服的用途选用。例如，预计可能遇到水上漂浮情况的全压服染成鲜艳的橘红色，以求在海水背景上容易看到。

全压服的通风服

包括在成套全压服之内的通风服保证全压服内部通风和人体排出水分及代谢产物的清除。进入通风服的空气可以维持人体体温。通风服应满足下列基本要求：保证将人体排出的水分蒸发掉；防止人体过冷及过热；流体阻力小；与其他装备协调且不限制身体运动。

通风服气源应允许依据个人温热感自行在 10～30℃ 范围内调节供气温度。供气温度低于 10℃ 时可能着凉、感冒。供气量大小取决于环境温度高低，在 25～39℃ 条件下，供气量不超过 100～150 升/分。温度更高或更低时，供气量可增加至 250～300 升/分。通风服入口空气压力应与通风系统流体阻力相等。对当前的通风服来说，这个参量的值在供气量为 200 升/分时为 0.9～2 千帕（7～15 毫米汞柱），且于供气量变化时按平方律变化。

通风服的结构：通风空气通过入口歧管进入服装，再借助气体分布管路输送至周身各处。通风空气流动的空间（通风间隙）之一侧受全压服的约束，另一侧为身体所局限。

全压服内可采用分别通风系统或共同通风系统。采用分别通风系统时，送入头盔的一般是呼吸用的氧气，而身躯则用空气通风。全压服内的各种气体通过活门排出。在共同通风系统内，气体系通过一个入口孔进入全压服内的通风间隙。

全压服的手套

手套用以保护手、腕部分，使之不受低压、低温和过热的有害作用。座舱失去气密性而内部变冷时，手、腕部的保温问题显得非常重要。

对手套的要求如下：

（1）对手指及腕部活动的限制应尽量小；

（2）有保证手部通风的装置；

（3）可自行脱戴；

（4）破损时，全压服内余压不得因之降低。

对于设计师来说，制造允许手、腕部做必要动作的手套乃是一项必须严肃认真对待的任务。全压服手套系由橡胶气密手套、受力手套、折叠式关节、滑动钢索系统、紧固横带、断接环及外套组成。橡胶气密手套系用具体穿用者的手部模型成形，关节部立有隆起，腕部不同程度的运动由带有滑动钢索系统的折叠式关节保证，钢索则与断接环相连。手套本身上装有断接环及气密轴承，后者可保证360°旋转。无指受力手套系限制性部件，装于腕部近旁，遮住掌部，用特制的外套保护折叠式关节的气囊。

全压服的鞋袜

鞋袜用来保护双脚，使之免于过冷、过热或遭受机械损伤。全压服系统可采用皮鞋（或皮靴），穿在全压服衣体外；也可采用连在衣体上的皮靴（与之形成整体的结构）形式或发射场用鞋。在前苏联，加加林的全压服采用了可以脱下的皮鞋。皮鞋用铬鞣革制造，鞋底采用减重泡沫橡胶，鞋重0.8千克。

不可脱式靴子及受力层以相同的织物制造，在踝关节处用绳带系在一起。不可脱式靴子穿在气密层外，气密层的脚掌部粘有一层织物。发射场用鞋于飞行准备及训练过程中使用，进入飞船时脱掉。发射场用鞋用皮革制造，取暖靴形式。

全压服的仪表附件

全压服上装有一系列调节器，用以维持衣内余压及保证其正常工作。其中首要的是压力调节器、安全活门、监控仪表（气压表及空气消耗量指示器等）。

压力调节器有下述功能：在一切高度上维持给定的全压服内余压，压力过大时从全压服内排出多余的空气。

根据对全压服提出的要求，全压服的工作高度不得超过 10 千米，与之相应的余压为 26.2 千帕（198 毫米汞柱）。在空气消耗量最大时，安全活门保证衣内压力不超过 31.2 千帕（235 毫米汞柱）。

压力调节器可按结构分为：

（1）绝对压力调节器；

（2）余压调节器；

（3）复合压力调节器；

（4）绝对压力调节器用以维持给定的衣内绝对压力。

全压服上的通讯设备

全压服上的通讯及信息设备与航天飞行器上的无线电通讯设备配套使用，也可以在遥测系统的帮助下将有关机组人员的生理状况及全压服各组成部分工作情况的信息送到地面。

全压服通讯设备包括飞行帽、通讯引线气密入口和遥测传感器。

飞行帽：飞行帽的主要组成部分有帽体、小型受话器、转臂式送话器或喉头送话器以及接插件。

帽体系用皮革或坚固的纺织品制造。其衬里采用哔叽之类斜纹布，有良好的吸湿性。除了完全包盖住头部的帽体之外，也采用减重飞行帽，其上部系用卡普纶网料制作。受话器安在隔噪耳套内。橡胶耳套可使噪声衰减 10 ~ 12 分贝。耳套尚可防止长期戴飞行帽过程中耳部被受话器压痛。送话器必须放在嘴边，二者的距离不大于 10 毫米。为提高可靠性，采用两只送话器。通讯引线气密入口固定在全压服衣体上，露在外面的一端装有多脚插头。引线入口的气密性由弹簧垫圈及橡胶填密片保证。引线在全压服内的一端装有小型插头。全压服内的遥测设备用于对人体状况进行功能性医学监测及获取有关全压服各个组成部分工作情况的信息。

知识点

减压病

减压病是由于高压环境作业后减压不当，体内原已溶解的气体超过了过饱和界限，在血管内外及组织中形成气泡所致的全身性疾病。在减压后短时间内或减压过程中发病者为急性减压病，主要发生于股骨、肱骨和胫骨，缓慢演变的缺血性骨或骨关节损害为减压性骨坏死。

根据理论分析和动物实验，人体突然暴露在极低气压环境中，是能维持一段时间正常生理活动的。比如我们把一条狗放在 260 帕的低真空环境中（海平面标准大气压是 101 千帕），只要暴露时间不超过 90 秒，恢复到常压就没有大碍。

宇航员的内衣

我们知道，内衣对皮肤的温度及活动有直接影响，因此，内衣材料的卫生要求特别高。寒冷条件下使用的内衣材料应具有低导热率，而在干、湿状况下的透气性又要很高。

为了使宇航员的身体不致急骤地冷下来，内衣材料在吸收水蒸气及滴状水分的同时，应于干燥的过程中缓慢地将其发散到环境中去，材料表面上不应有游离水分。吸水且水容量大的衣料符合上述要求，资料表明，亚麻织物最佳。

为了不妨碍皮肤发挥正常功能，不影响汗液分泌和蒸发，内衣材料在潮湿状态下不应贴在皮肤上。最符合这种要求的是那些表面膨胀的材料，例如绉纱织物。这种织物因膨松度提高而致导热性降低，弄湿之后能保持原有的性能。

为了避免刺激皮肤，内衣织物表面应柔软、滑爽而富有弹性。适于做宇航员内衣的是针织布——亚麻、棉、毛、丝、人造纤维（黏胶）。

保暖用的贴身内衣应密实、贴身，能顺利地从体表吸收蒸发的汗液并将其发散到环境中去，尽量保持身体干燥，衣服应轻软膨松。事实证明，丝织品最能满足这些要求，但丝织品做的内衣有可能刺激皮肤，这个缺点会因穿着时间的增长而愈加显著，特别是在衣服弄湿了的时候。

为了改善保暖性，可采用比较贵重的羊毛制造内衣。

前苏联宇航员的内衣系用棉—亚麻织物制作，由衬衫和衬裤组成。其重量取决于宇航员身高和胖瘦（平均 500 克）。

与应急全压服配套时，内衣还必须备有收集生命活动产物的装置。

工艺麻烦的鞋袜

鞋袜的使用性能应保证方便、可靠，且能预防环境因素的不利影响；而该鞋袜使用是否方便的标志是其膨松程度以及机械和卫生性能。

鞋袜要合适，防止足部变形，不压脚，也不破坏血液循环，不会磨破脚，不致产生静电。

鞋袜应具有与预定用途适应的特定防护性能。例如，全压服鞋袜应经受得住其衣体造成的余压。

研究表明，成人的双脚每小时可分泌约 1 ~ 1.5 克汗液，中等强度劳动汗量为 2 ~ 2.4 克，而重劳动则可达 8 ~ 10 克，其中的 50% 来自脚掌。

对于足部是否能发挥正常功能来说，卫生要求具有很大的意义。所以，鞋袜必须在其内部维持一微气候：温度、湿度和通风。

鞋袜的可靠性要求包括：耐久、结实、形状稳定、耐磨。鞋袜结构以等强度设计者为佳，其可靠性应保证它能执行所担负的职能，同时在整个保证寿命期中维持其使用性能。

乘航天飞行器飞行过程中穿轻便皮鞋；也采用连裤鞋，它是全压服的组成部分。

飞行皮鞋于 1964 年首次在"上升"号上试用。这种鞋系用带铬素涂层的铬鞣革制造，皮底取黏接工艺连接。一双 42 码的皮鞋，质量约 400 克。1975 年，经改进制成了供"礼炮 4"号轨道站乘员用的皮鞋。鞋面仍用铬鞣革，鞋底先粘好，再以针线缝牢，包头及后跟是刚硬的。为了更加跟脚，鞋内加了橡胶套，鞋带由"闪电"拉链取代。

为了在失重状态下能把宇航员固定在某一地点，鞋底上粘有搭扣带的环套部分，而飞船上固定宇航员的部位则粘有搭扣的带钩部分。一双鞋质量约 500 克。

袜子对于在足部周围建立一定的小气候有很大意义。选择适当的袜子可以弥补鞋子的缺点，也可减小鞋子选用不当的有害影响。

而相比之下，袜子应具有低导热率、高透气量以及良好的吸湿性。毛料能满足上述要求，因而常被推荐为制袜材料，它甚至在潮湿状态下仍有隔热的作用。

事实上，鞋垫对鞋子的保湿性能有很大的影响，毛毡鞋垫吸汗性能很好。鞋垫的特点是结构上与鞋子分开，故便于晾干及更换。

预防失重的防护服

在航天活动中，预防宇航员失重的服装防护服大致有两种，即加载式防护服、负压式防护服。

加载式防护服

加载式防护服的功用在于给人体支撑组织及骨骼肌肉施加载荷。

在大、小腿处于平均生理夹角的状态下，加载服可给人体支撑—行走组织施加达体重50%的载荷。据资料表明，"企鹅"型加载式防护服是由带有拉紧机构的连身衣和皮鞋组成。弹性元件选用橡皮绳（阻尼）。而橡皮绳的松紧借助带子调整。

为了给小腿肚及足部肌肉加载，"企鹅"服配套皮鞋的头部套有马镫，服装质量约2.5千克。

预先调整好的"企鹅"型加载服可自行穿脱。这种服装有良好的卫生性能，可作为日常服装穿用。向肩部及腰部传输载荷的部位衬有垫子，这便有利于应力的均匀分布。擦伤和红肿的可能已压缩至最低。

对这类服装的基本要求之一就是弹性件的张紧程度要便于调节，也就是说机体支撑和肌肉组织的张紧度可依照宇航员的愿望以绝对值调节，也可按身体部位或肌肉群随意调节。

由于身体的上、下两部习惯的静载荷有着很大的不同，这种服装的腰部起着重要的作用。其上缘与躯干阻尼器相连，而下缘与腿阻尼器接在一起。在腰部收紧的情况下，可分别调节上、下两部的张紧度，甚至使躯干载荷为零而把下肢载荷调至最大。屈肢和伸肢的载荷也可在宽广的范围内调节，调节带部位要容易够着。

既然主阻尼器全是成双配对的，那么不管下肢的各个部分处于哪一种状态，也就是说不管膝部关节处于什么角度下，都可以达到力的平衡状态，而加于骨骼的载荷都是恒定的，与这些角度无关。

试验结果表明，"企鹅"型加载式防护服可使运动动能增长 1~2 倍。

负压式防护服

负压式防护服的用途是在人体下半部四周建立负压，并对其支撑—肌肉组织以纵向载荷，以防其在长时间失重作用下发生障碍。

"联盟"号上用的负压式防护服为"凤头麦鸡"型，做成气密裤的形式，裤腰部分具有刚性。

裤腿的波纹管式外壳系用不透气织物制作。外壳内的若干金属环用以防止裤腿在建立起负压时收缩。波纹管式的皱褶有助于外壳沿轴向收缩，同时给人体支撑—肌肉组织施加载荷，裤腿与铝合金制的鞋子相连。

而腰部装有气密"围腰"、编织带和仪表。围腰系用涂胶布制作，用腰带贴身地系在宇航员身上。仪表有真空度调节器（节流机构）、真空（安全）活门和真空度指示器。

衣内真空度（负压）由装有真空泵的便携式装置提供。真空泵由电机驱动，舱内空气通过真空度调节器进入服装，再由衣内流入泵体，而后排入环境，从而在衣内建立真空度，同时实现通风换气。

旋紧节流机构的帽盖可使服装耗气量减少，而衣内真空度增加。给下身建立负压的服装在结构上有许多长处，比作用相同的固定（容积）囊要好。这种别具一格的服装可按预防心血管变化的要求延长减压时间。宇航员穿上这种服装，再以电缆与飞船的机载系统连接，而缆长随意。所以，宇航员几乎保有在轨道站内到处移动的自由，可以采取各种不同的体位来行使自己的专业职责。而该服装的结构足可保证它能长期使用。

在衣内建立负压之后，只要波纹部分折紧或橡皮绳拉紧即可产生出力量，作用在身上。

在衣内建立负压可产生一种头向上转身的感觉。促成这种感觉的不仅是压力的重新分布，而且还有在脚掌上出现的压力。在用飞机模拟的重力状态下，重力防护服工作后，总是觉得足部所在之处为下方。

作用在身上的压力与衣内真空度成正比。真空度约6.6千帕（50毫米汞柱）时，作用在身上的压力等于450～550牛顿。此时，腿部移动困难，其动能显著增长。然而静息状态下，当真空度在40千帕以下时，动能的消耗并不发生变化。

背包装置

背包装置又被称为便携式生命保障系统，主要由氧源（气瓶）和供气调压组件、水升华器和水冷却循环装置、空气净化组件、通风组件、通信设备、应急供氧分系统、控制组件和电源、报警分系统、遥测分系统等组成。它能够为航天员提供呼吸用氧，并控制服装内的压力和温度，清除航天服内二氧化碳、臭味、湿气和微量污染。当航天员出舱活动时，将背包装置与舱外航天服配套使用，可以保证航天员在舱外活动长达8～9小时之久。

麻烦的穿衣步骤

在通常情况下，宇航员穿戴舱外宇航服有一套严格的步骤和顺序，而且不同型号的宇航服穿脱的顺序也不一样。这里以美国航天飞机舱外宇航服为例进行介绍。整个穿衣过程共分十个步骤完成：

（1）穿强力吸尿裤。

（2）穿液冷通风服。

（3）带上生物电子联结装置。在这种装置上有测量宇航员心率的传感器和与外界进行通话联络的电子设备。

（4）一些小的操作程序，包括在头盔面窗里面涂上防雾霜，在服装左侧袖子的手腕处装上一块小的反光镜，在服装上身前胸部位装上一个小食品袋和一个饮水袋，在头盔上装上照明灯和电视摄像头，最后是将通讯帽与生物电子联结装置联结在一起。

上述四步都是穿服装前的准备工作。

（5）穿服装的下半身。下半身有不同尺寸，可供不同身材的宇航员选用。下半身服装的腰部有一个大的带轴承的关节，为宇航员弯腰和转身提供方便。

（6）穿服装的上半身。在穿上半身之前，应先将气闸舱的冷却脐带管插入服装胸前的显示控制盒的接口上，以便向服装内提供冷却水、氧气和电力。因为航天飞机气闸舱内仅有 2 米高，直径为 1.6 米。事实上，两名宇航员在里面穿宇航服显得非常拥挤，因此宇航服的上半身是挂在气闸舱壁的支架上。这样一来当宇航员要穿服装上半身时，必须蹲下身体，手臂向上伸，采取一种跳水运动员跳水的姿势钻进服装内。服装上下身穿好以后，将密封环连接在一起，然后将各种供应管线与服装相接。

（7）戴上通讯帽、头盔和手套。戴上头盔和手套以后，宇航员就不能呼吸气闸舱内的空气，而是通过脐带呼吸航天飞机轨道器提供的氧气。

（8）向服装加压，并由宇航员对服装进行测试，目的是保证服装不漏气，而且内部压力稳定。测试的重点是气体流量、冷却水和电池的功率。

（9）开始呼吸纯氧，进行吸氧排氮。即将体内的氮气排出，目的是预防减压病。

（10）关闭气闸舱的内舱门，气闸舱进行减压。当气闸舱内的压力降低到零时，打开气闸舱的外舱门，同时宇航员应将服装与气闸舱的所有联结断开，将安全带的挂钩勾在舱外的固定杆上，这时宇航员即可出舱进行太空行走。

 知识点

美、俄出舱活动航天服的比较

出舱活动航天服美、俄有不同的特点。俄罗斯的舱外航天服是后开门式，或称背部穿/脱结构；采用坚硬的躯干，与头盔结合成一个整体，而四肢为软的囊，航天员从航天服背部的一个铰链门进入航天服。俄罗斯的航天手套总的来说不如美国的手套好用，但在腕关节的设计上俄罗斯的手套又优于美国；头盔面窗的可见性方面，俄罗斯头盔在向下看时优于美国，但向上看和侧看

都不如美国。

美国的舱外航天服是分体式，或称腰部穿/脱结构。是硬的上躯干，软的下躯干及袖子、手套、裤腿和靴子。手套按人定做，泡形头盔可拆卸。便携式生保系统装在硬躯干的后面，手动控制和显示器装在前面。服装的上下躯干由一个腰部断接器连接，是一种腰部穿/脱的分体式结构。航天员穿它时从腰环进入，先穿下躯干，然后穿上躯干，通常需要别人帮助。

美国航天员在穿过俄罗斯的出舱活动航天服以后，他们的评价是，比较喜欢俄罗斯航天服非常耐用、结构简单、容易穿脱；在自然姿势下，穿俄罗斯的航天服感到比较舒适，但在工作和用力的时候就感到不太舒服。美国服装在腰部有一个轴承，因此上身左右转动很是方便，而俄罗斯没有这种腰部轴承，航天员感到对身体转动很不利。

紧凑的未来太空服

每当我们提到宇航员，脑海中的形象便会是一个身穿臃肿宇航服的人；而现在科学家正在试图通过试验改变这样的形象。或许在不久的将来，我们在电视上看到的宇航员将身穿一种类似紧身衣的轻薄高科技防护服，而且这种太空服还能根据周围环境的不同改变颜色。

美国麻省理工学院的研究人员正在研发一套"生物服装系统"。这种类似"第二层皮肤"的衣服表面，将喷有一层可被有机生物分解的涂层。该涂层能够在布满灰尘的行星环境中保护宇航员。而且，在这种所谓的"第二层皮肤"中，还能嵌入由电力驱动的人工肌肉纤维，以此增强人的力量和耐力。

此外，"生物服装系统"中还能内置通信设备、生物传感器、电脑甚至用于太空行走等舱外活动的攀登工具等。

该项目研究员分析指出，我们去月球和火星，并不是为了待在栖息地里，进行舱外活动才是我们的主要目的。我们需要给宇航服瘦身，让它变得就像是人身上的第二层皮肤一样，从而让宇航员行动自如。

这项研究涉及多个领域，旨在校准宇航员的表现、寻找现阶段宇航服设计的改进办法以及为新一代的宇航服寻求新奇的想法。而该项目的资金则来源于美国宇航局的先进理念研究所。

"生物服装系统"将由一套紧身服和一个增压头盔组成。而正在进行的研究旨在理解、模拟和预测身穿这种宇航服的宇航员在从事所有简单和复杂运动时的各种可能状况。

宇航员穿上根据他的体形定制的、具有弹性的"生物服装"后，再套上一层"硬壳"背心；而背心上装有一个便携式生命支持系统，给身体提供气体反压力。而后气压便能够自由流入头盔以及通过置于"生物服装"的气管进入手套和靴子内部。

研究者认为，今天臃肿的宇航服对宇航员的活动限制很大，此外重量和质量也是限制因素。虽然在重力较小的环境中，那些限制不是大的障碍，但是对于一个先进的、用于月球和火星探索的宇航服来说，灵活性和质量小是极为重要的。把研究成果转化成能够实际运用的宇航服，关键在于一些技术进展；而制作"生物服装系统"所需的开放式泡沫材料、记忆合金等智能材料以及电子编织技术等在过去几年里都发展迅速。

科学家已开始研究一项独特的建模技术，例如采用3D激光扫描人体，然后运用数学建模和结构技巧，计算出人体各部位所受的压力。"生物服装系统"重量小而且容易穿脱，它还能根据宇航员的体形进行定制。激光扫描和电子编织技术让这一点成为可能。

另外，先进理念研究所还资助了正在运行的一项叫做"变色龙服"的项目，正如项目名称所体现的那样，旨在开发出能够根据环境以及宇航员对温度的要求来改变颜色的宇航服。

而"生物服装系统"科学家希望实现的最终目标则是，让宇航员与宇航服之间能够实现像人与地球植物那样的共生交互作用：宇航员呼出的二氧化碳和水蒸气，在宇航服内就能被重新转化成为可呼吸的氧气。相信不久的将来，宇航员留给人们的印象是身穿紧身衣、精明而干练的。

太空饮食花样也多
TAIKONG YINSHI HUAYANG YE DUO

　　吃饭、喝水对于生活在地球上的人来说，是一件再平常不过的事了，但在失重环境下的太空生活，宇航员的饮食就变得十分复杂而特别奇妙。可以说，宇航员的营养需求，食品制备、供给和他们的进食方式等都有一定的特殊性，与在地面生活的饮食有着很大的不同。

　　航天食品从本质上讲与地面普通食品是一样的，都是为人体提供能量和营养。但为了节省飞船的空间和发射时的有效载荷，宇航员携带的航天食品应尽可能重量轻、体积小，还要能经受住航天特殊环境因素的影响，如冲击、振动、加速度等的考验。早期宇航员的食品牙膏那样一点一点往嘴里挤，随着火箭技术的发展，宇航员从地面带去的食品可以丰富些了，本章将和读者朋友们一起见识一下宇航员的饮食。

太空十大美食

　　在早期的太空生活中，宇航员的食物选择只能限定于用牙膏管装载的食物。近年来，宇航员的太空食物得到了改善，以下是宇航员在太空环境中的十大美食：

巧克力豆

我们都知道，作为母亲一定会告诉孩子们不要拿手中的食物玩耍，但是在太空零重力下，宇航员却可以上演真人版"吃豆游戏"。一种坚硬外壳的巧克力豆在广告词中称："融在口中，却不融在手中。"研究发现，它们非常适合于太空飞行。为了不对任何特定品牌做广告，美国宇航局将之称为"糖衣巧克力"。

冻干冰激凌

冻干冰激凌进入口中并不像传统冰激凌有冰爽的感觉，它干得像一支粉笔，放在口中融化后会有冰激凌精华的奇特味道。事实上，航天飞机和国际空间站并不配备冷藏空间存放这种冻干冰激凌，几乎所有的冻干冰激凌都销售给了地面上期望体验太空生活的太空爱好者们。据美国宇航局声称，航天飞机仅有一次向太空运送过冻干冰激凌，这是满足一位宇航员的特殊需要。

橙　汁

20 世纪 60 年代"双子星座"计划中橙汁饮料非常有名，目前在航天飞机和国际空间站仍可看到这种饮料。这种太空橙汁是由卡夫公司制造的，该公司还向美国宇航局提供多种口味的果珍饮料，有葡萄汁、橙子芒果汁和柚子橙汁。

可口可乐和百事可乐

1985 年，这两个可乐品牌之间的大战上升到了一个高度，美国宇航局邀请宇航员对送到太空的这两种饮料进行测试。然而由于零重力和缺少冷藏条件，此次可乐品尝测试最终失败，但是漂浮着的"百事可乐球"带给宇航员们很多欢乐。之后可口可乐又再次向太空发送饮料，但是饮料被装入一个压力杯中，需要特殊的装置才能饮用。

基围虾

基围虾是一道开胃菜，但对于许多宇航员来说，冻干的基围虾是必不可少的太空食物之一，其主要原因是太空基围虾的重力作用很低。该食物不会流出液体到宇航员的脚上，宇航员吃后不会头部充血，也不会降低品尝其他食物的口感。资料显示，基围虾和其他辛辣食物是宇航员们较满意的食物。

豉椒青豆

像基围虾一样，宇航员也非常爱吃豉椒青豆，主要因为这种青豆的口味是辣香。这种豆类并不是每个人都喜欢吃的素食，但经过擅长太空厨艺的大厨的烹饪，这种青豆的口味立即与众不同。目前，该种食物已在宇航员菜单中占有一席之地了。

太空"三明治"

这种一口就能吃下去的"三明治"是由槭糖浆、酸果蔓和蓝莓乳酪作为夹心的食物，吃起来口感有点儿像奥利奥夹心饼干。据称，加拿大宇航员大卫·威廉斯在执行STS－118任务时非常喜欢吃这种"三明治"。但真正的需求还是来自社会大众，该手工"三明治"的订单达到一万多份。目前，这种食物配方正在申请专利，因此，不久之后人们便能够买到这种食物。

太空拉面

速食方便面经过再加工和重新包装，已成为宇航员太空指定食物。2005年，日本某宇航员在执行STS－114任务时，第一次吃上了太空方便面。这是由日本某公司制造的，它们将传统的拉面再加工成意大利通心粉的形态，由于航天飞机上没有沸腾的水，这种汤只需要70℃便可以煮开。据资料分析，这种太空拉面汤里有四种调料：大豆、日本豆面酱、咖喱粉和猪肉汤料。

反物质能量饮料

反物质饮料不仅是一种能量饮料，而且其成分是第一种进入太空的饮料。该饮料是由微重力企业公司制造，它混合了多种维生素和矿物质，在2006～2007年由SpaceLoft XL轨道火箭携带进入太空。如果这种能量饮料不适合你的口味，该公司还提供了彗星尾琥珀淡啤酒和太空20饮料，这是两种在太空中遨游过的物质制成的饮料。

我国的航天食品特色

在世界航天食品当中，我国的航天食品有中国特色，特别是传统的中式菜品都尽可能出现在航天食谱中，相比西餐更加色香味美，可口宜人。主要表现在：形式上是以中式食品为主，搭配成的航天膳食具有明显的中餐特色，能够符合航天员的口味要求，比如膳食有主食和副食之分，主食主要以米面类的食物为主，副食讲究荤素搭配，在加工上注重色香味形。如八宝饭，不仅风味独特、色泽艳丽，其中的莲子、桂圆等配料还有保健功能，具有浓郁的中国特色。

航天饮食的潜规则

太空饮食和地面上的饮食有着很大的不同，但除却包装等不同外，还有其他鲜为人知的要求吗？下面就简单介绍一下，宇航员的太空饮食还有哪些"潜规则"：

（1）航天饮食必须保证宇航员的营养要求。

宇航员的工作十分繁重、紧张，体力和脑力消耗都很大。每个宇航员每日的饮食，热值要在11723千焦（2800千卡）以上，蛋白质在130克以上，而脂肪则要在100克以上，碳水化合物在350克以上。为了保证宇航员在噪声、振动等影响下能集中注意力工作，在长期远离人群时能情绪稳定，在失重脱钙情况下能维持正常的新陈代谢活动，航天饮食中还必须含有足够的氮、钾、钙等元素。

（2）航天饮食必须要体积小、重量轻，以便于运输和贮藏。因为火箭的发射费用是昂贵的，并且飞船的体积是有限的。

（3）航天饮食应易于消化和吸收，并且残渣少，以保证宇航员的营养吸收和减少排泄物。因为在太空中垃圾处理也是一件很不容易的事。

（4）航天饮食必须保证在37℃下存放6个月不腐烂变质。

（5）航天饮食的形状和包装应便于宇航员在失重环境中食用。

（6）航天饮食还必须适合宇航员的胃口，能引起他们的食欲。

为了使航天饮食适合航天飞行的要求，美、俄苏科学家进行了大量的研究。现在，都能提供几十种航天食品。这些食品，在体积、重量、营养成分、存放和食用等方面都能满足要求，但在如何引起宇航员的食欲方面，仍然没有多少办法，不少宇航员常常埋怨食品味道不佳。1982 年，美国宇航员戈登·富赖顿乘航天飞机返回后说："我在太空吃了不少东西，可无论如何也品不出这些食物的滋味有何差别。"这其中的原因可能不在食品本身，而是航天环境引起宇航员的味觉失调，如失重使体液上流，鼻腔充血，导致味觉神经钝化，唾液分泌发生变化影响味觉，或者是因看不到食物的颜色、闻不到食物的气味而影响味觉。美籍华人王赣俊上天飞行时，为了使他能有好胃口，他的太太特意做了他平时爱吃的炒羊肉。这道菜被命名为"王太太炒羊肉"。

由于航天饮食如此重要，又还未尽人意，目前除美、俄外，日本、法国都有人在研究航天饮食。1985 年，一名法国宇航员乘美国航天飞机时，很快就吃腻了美国的航天食品，返回后与一名航天生理学研究者合作，创办了一家法国风味的航天饮食品开发公司，参与美、俄航天食品竞争。

航天食品的加工方法和食用方式

航天食品种类繁多。那么，它的加工方法和食用方式会是怎样的呢？以陈皮牛肉为例。作为航天食品它就必须经过高温处理后再做成罐装食品，这样才可长期保存。食用时，用加热器加温即可食用。这种食品称为热稳定食品，用金属罐或蒸煮袋包装，俗称"软硬罐头"，它们的特点是不仅含有正常量的水分，而且与普通食品从口感到形状最接近。由于空间运动病和失重环境对机体的影响，航天员的食欲会有所降低，这样会影响航天员的工作效率和身体健康。

宇航员饮食常规

航天飞行时采用每日四餐、份饭制，并且一周内的食谱不重复，以保持宇航员的营养和食欲。

在美国航天飞机上，7 名乘员分两批用餐，轮流到厨房准备饮食。备餐者先把标好日期和餐次的大型塑料食品袋从贮存柜中取出，里面装有每个人的份饭。厨房备有冷热水管道、烤箱、各种餐具、干湿抹布等。对脱水食品，需用空心针注入凉水，再揉搓，使水和食品混合均匀，然后放入烤箱中用 82℃ 的温度烘烤。而对汤料和饮料，则需用空心针注入热水。压缩式食品不需任何加工处理，软包装食品放在盘子中即可食用，一顿饭不到半小时就可准备完毕。厨房还备有胡椒面、酱油、辣油、盐等调味品，进餐时可以选用。

餐桌是特制的，具有磁性，能吸住食品容器、刀、叉、匙等餐具，装有水冷却器和水加热器。用餐时，先将身体固定好，以免飘浮。动作要轻柔，调节好呼吸节奏，不把食物弄碎弄飞。不张嘴嚼食物，最好用鼻呼吸，以免食物从嘴里飞出。总之，用餐时必须集中精力，不能漫不经心。

宇航员的饮食供应是长期航天中的大问题，以每人每天一千克食品计算，5 名乘员一年需要食品近 2000 千克。这需要占据航天飞行器很大的空间，也需要花费很大的火箭发射费用。所以，对于长期载人航天来说，最好的食品供应办法是宇航员自己生产。生长的植物可以净化空气，植物的果实供人食用，茎叶喂养动物，人和动物的排泄物作植物的肥料，形成一个密闭的生态循环系统，改善生活环境，提供劳动消遣的场所，可源源不断地获得新鲜食品。目前，科学家们正在寻找和培养适合太空养植的动、植物。在众多的粮食作物中，日、美科学家看中了最普通的红薯。红薯是一种含糖、含热量很高的食品，营养价值很高，除含丰富的淀粉外，烘烤的红薯还含有人体必需的铁、钙等微量元素。它含的维生素和氨基酸的种类都高于大米和白面，特别是它含有的维生素 A、维生素 B、维生素 C 和纤维素是米面中所缺少的。红薯既可生食，也可熟食，还可加工成多种香甜的低水食品。

红薯自然不是唯一适宜太空种植的粮食作物，但不过可喜的是俄罗斯已在太空成功地种植了小麦。相信在不远的将来，太空种植能给宇航员带来更多的新鲜"农产品"。

美国航天飞机上的典型食谱

美国航天飞机上的典型食品有：桃猪牛肉混合菜虾、烤牛肉土耳其香肠牛排、炒鸡蛋面包烩肉饭、水果布丁、葡萄汁饮料、冰淇淋等。该航天食品的包装要求是，一是保证在失重情况下使用，二是重量轻、体积小。一般有罐装（铝罐或双金属罐）、盒装（复水食品盒）和袋装（复水饮料袋、蒸煮袋、铝塑复合袋等）。美国航天飞机使用的复水盒采用硅橡胶隔膜来防止加水后漏水，使加水操作更为方便可靠。前苏联/俄罗斯使用的复水食品包装是软塑料袋，加工比较简单。美国航天飞机还使用复水软料袋，它的加水原理与复水食品盒相同，而救生食品采用软塑料内包装和硬塑料外包装。救生饮水可采用马口铁罐或塑料瓶包装。

航天食品的类型

据资料显示，航天食品大致有如下两种类型：①在太空正常飞行时宇航员所要吃的食品；②在特殊情况下所要用的食品。

在正常飞行情况下吃的航天食品有：

（1）即食食品。

它是拿过来就吃的东西，不需要进行再加工，如含中等水分、一口大小的压缩成型的或用涂膜处理的干燥食品等。

（2）复水食品。

这种食品是冷冻干燥食品，因为它在被送上太空时轻而小，在航天食品中占有较大比重，但在食用前必须复水，在它的包装袋上都有一个单向入水阀门，以便复水用，复水后即可食用。

（3）热稳定食品。

这类食品是经过加热灭菌处理的软包装和硬包装罐头类食品，太空飞行证明，在失重条件下用普通餐具由开口容器中取食完全可行。

（4）冷冻冷藏食品。

这类食品是在地面上冻好带进太空的，溶化后可食用。

（5）辐射食品。

这是经过放射线杀菌后的食品，它曾在美航天飞机飞行中少量使用过。

（6）自然型食品。

地面上没经处理的食品，如新鲜水果、蔬菜、果酱和调料等。

（7）复水饮料（冲剂或软固体饮料）。

它是在太空加水溶解后制成的冷饮或热饮。在包装上美国早期用复水饮料袋，后改用折叠塑料瓶和方形复水包，以便用吸管吮吸。

而特殊的航天食品则有如下几种：

（1）备用食品。

它是指在发生特殊情况必须延长飞行时所用的食品，类型同前。

（2）应急食品。

这种食品是指在飞行器发生故障时，宇航员必须穿着宇航服时所用的食品，如铝管包装的半固体果酱、菜泥、肉羹等。应急食品也包括当宇航员着陆后，降到远离人烟的地方，等待救援期间所用的食品。

（3）舱外活动中需要吃的食品。

这是指存于头盔内颈圈部分的固体或半固体、流质供食器中的食品，供长时间舱外活动中临时给宇航员食用的食品。

航天食品是否适合大众

航天食品具有重量轻、体积小和营养好的特性，表面看来，这些特性都使航天食品具有竞争力。然而，特定的航天环境使航天员的口味要求变得非常特殊，吸收消化能力也受到一定影响。航天食品就是为适应这些特点而产生的，而地面的环境未必能让所有人产生这种口感。也就是说，针对航天活动开发的航天食品也存在"水土不服"问题，下了地，并不一定适合普通人。

除了可能存在的口感问题以外，航天食品的研究和生产要求相对地面食品要严格得多。航天食品其实是一个食品组合，这个组合必须提供最合理和最适合航天生活的营养结构。另外，为了保证航天员健康，对食品的质量要求相当高。这种情况为航天食品推广、生产提高了难度，航天食品发展甚至面临着接近无产业的困局。

不断改善的太空食品

在历史上，美国人曾经想请俄罗斯帮助组织国际空间站的饮食供应，理由是俄罗斯已经有了宇航员在空间站停留一年甚至一年以上的经验，而美国的宇航员在太空连续生活的时间却没有这么长。

1994 年，俄、美联合研究过太空食品，而俄罗斯早在 20 世纪 60 年代初就开始了太空食品研发工作。

现在，第一批太空食品陈列在加加林市的宇航博物馆内，透过玻璃可以见到几十年前生产的装有咖啡、汤和软糖的软管；而现在宇航员食用的东西却已经有了根本的变化。

下面就太空食品所经历的变化简单介绍一下。

软管食品：缺少营养，人发昏

最早研制太空食品时人们认为，太空食品应当有更高的生物活性和热量，而且要高度浓缩。这些食品应能吸食，进入肠胃后要很快被吸收，产生的残渣要尽量少，因为空间站盛放废弃物和排泄物的空间十分有限。研究人员曾设想把食品制成片剂，以便宇航员随时取用，又不会影响工作。

然而后来罐头食品厂根据医学家的建议，制出了用软管装的三道菜。1961 年 8 月，前苏联第二个太空人季托夫首先食用了这种新食品，他在太空飞行 25 小时，用餐三次。季托夫回到地面后说飞行时他感到头晕，医学家认为是失重引起的，而营养学家则认为是吃不饱造成的不适。

事实上，后一个说法更有道理。想想看，太空餐的头一道菜只是一杯蔬菜汤，第二道是肝泥，最后一道是一杯黑浆果汁。一个健康的小伙子在太空这样的特定环境中，营养跟不上，自然会头晕。

保证营养：严格加工，花样多

为了保障宇航员的正常工作状态，太空食品中加进了牛舌、鲱鱼馅饼、乌克兰红菜汤、煎肉饼和鸡排……负责研制甜食的人员制成了 20 多种果汁、15 种果肉条、水果泥和蔬菜沙司。用葡萄制成的维生素片不仅十分可口，而且不用喝水就能在口内溶化。

后来，由维·波赫廖布金配制的混合茶（印度红茶加上撒马尔罕绿茶）曾使前苏联宇航员萨维内赫在太空飞行准备期间精神振奋。

从此之后，前苏联对太空食品的研制高度重视。这些食品都不是成批生产的，质量无懈可击，而且绝对无毒，微生物的含量有严格控制。太空食品应当能在常温下长期保存。为了试验食品的保鲜期，研究人员把它们放在特制的密封容器中，然后在模拟的太空环境里保存，定期取出化验。试验很费时间，如果食品上注明保质期为三年，那么它起码经过了三年时间的存放试验。

对太空食品的要求超过了为最高领导人提供的食品的要求。例如，专为苏共中央供应肉食的米高扬肉品厂为宇航员制作的熏肠却硬是没有达到太空食品检验部门的要求。

俄、美合作：太空食品新时代

20 世纪 80 年代初是前苏联太空食品工业的顶峰，当时已经能够制造 260 种太空食品。可惜改革开始后，这个部门走了下坡路，食品种类减少到了五六十个。要维持这样的部门必须有政府的拨款，可是随着经济衰退，加上宇航员人数剧减，当然难以继续维持。

1991～1992 年的情况更糟。虽说碳水化合物、脂肪和维生素含量依然符合要求，但是食品单调，宇航员有意见，研究人员千方百计找钱继续科研工作。恰好这时候，有关"和平"号和美国航天飞机的俄、美"戈尔—切尔诺梅尔金"联合计划出台，这一计划中就包括了在太空食品领域进行合作。这对俄罗斯来说是使太空食品多样化的机会，对美国来说则是吸取经验的好时机。

目前，俄、美宇航食品的合作进展正常，不同的宇航员享用的食品是不

同的。准备提供给宇航员的食品由俄、美两国宇航员分别品尝并打分，最高
10 分，低于 5 分的淘汰。然后由营养师开出 8 天的食谱，每 8 天循环一次。
专家特别注意为第一次上天的宇航员选配食谱。尽管在太空中人的味觉不会
有特别大的变化，但细微的差别还是存在的。有的人本来不吃奶渣和水果羹，
可是在太空中居然视之为美食；本来爱吃的鸡，却连碰都不碰。

现在宇航员在太空中吃些什么呢？事实上，几乎同地面上完全一样：黑
面包、蜜饼、火腿、酸甜汁的猪肉、鹌鹑、波兰式梭鱼、俄罗斯奶酪、鲟鱼、
蔬菜汤和红菜汤、草莓、饼干、巧克力、茶和咖啡。宇航员再也不用从软管
中吸食了。它们用特制的器皿包装，可以直接放在有加热设备的工作台上，
有的用聚合物包装。连第二道菜都不必吸食，可以用勺或叉子取食。

此外，宇航员还能吃到新鲜水果和蔬菜，不同的是，美国人爱吃洋橙、
橘子或柠檬，俄罗斯人喜欢苹果、西红柿和葱蒜。

核桃仁奶渣是俄、美宇航员都酷爱的食品。获得科学家好评的有可以帮
助体内废物排泄的用沙棘汁、蜂蜜和抗氧化剂制成的饮料。冷熏马肉令宇航
员食欲大振。有趣的是，波利亚科夫曾经在太空中利用废食品盒做模子，用
饼干、榛子和甜奶渣做了一个蛋糕，让太空中的同行美餐了一顿。

我国航天食品的安全

为确保我国航天食品的绝对安全，从原材料的选购、食品生产车间与设
施的卫生、工作人员的管理到食品检验检测等所有环节都要进行严格把关。

首先是把好原料采购关

航天食品的原料全部是取得"绿色食品"资质的产品。"绿色食品"是
指安全、营养、无公害食品，这类食品对工业"三废"和农药污染进行了严
格的控制。我国航天食品的生产部门在全国选取了若干实力雄厚、声誉良好
的原料供应商，并定期对供应商的质量体系进行考核。

其次是把好生产工艺关

由于航天食品绝不含防腐剂，而保质期一般要求在 6 个月以上，保藏时

一般不考虑进行冷藏，宇航员在食用前又不能进行杀菌消毒处理，所以对于食品生产流程和生产工艺提出了很高要求。航天食品专家经过长期研究和实践，形成了一整套严格的生产过程的工艺文件和工艺参数。这些文件和参数一经确定，经过权威专家评审通过后，生产过程就严格按照这一要求进行。

三是把好人员管理关

我国航天食品是由中国某研究中心研制生产的。而该生产车间的几名工人，都经过了严格的政治审查和每年两次的身体检查，确保政治可靠、身体健康。平时，这些人员不得随意外出，不得与不明身份的人交往，也不能像一般人一样到外面餐馆吃饭。在进入生产车间前，每人都要淋浴、消毒，并换上特制的工作服。

四是把好检测关

为了保证航天食品的卫生质量，在食品的设计、研制和生产中，都必须严格遵守《中华人民共和国食品卫生法》，执行国家卫生行政部门批准颁发的《航天食品卫生标准》，对原材料的选购、运输与储存的卫生，车间环境与设施的卫生，生产人员的个人卫生，食品加工过程中的卫生，成品运输储存与交付的卫生等进行严格的管理与监督。所有航天产品必须经国家卫生行政部门检验并确定合格后，才能交付使用。

宇航员的饮用水

地球居民的用水来自大自然的江河湖海。那么，宇航员在太空喝的水是从哪里来的呢？

据资料显示，每个宇航员每天大约需要消耗 18.5 升水，其中冷水 10 升，热水 8.5 升，如果 6 名乘员飞行 7 天，则需要 7770 升水。宇航初始阶段，曾采用从地面带水的方法来解决宇航员饮水的问题。这种办法虽好，但要设计巨大的贮水池，要增加辅助设备的重量。这样一来有效载荷重量就要减少，尤其是随着宇航员人数增多，载人飞行时间延长，这种方法日益见拙。

经过多年来载人航天实践的不断改进，目前宇航用水采取多种措施并举的办法解决。

一是储备水

一般载人航天器都设有相应容积的水箱，是宇航员生命保障系统的必备设备之一，发射之前就注满水，供宇航员饮用。

二是人工制造水

这主要由氢氧燃料电池完成。燃料电池是一种产生电和水的化学电池，电池中的氢和氧在催化剂的作用下，分别在两个电极上氧化成水。这种水首先经过冷却器冷却，使温度下降到 18～24℃，然后进入银离子消毒器经净化处理送入贮水箱。燃料电池每天可产生约 90 千克的水，够 6 名宇航员饮用。美国航天飞机携带三个燃料电池，每小时可产生 6.8 千克纯水，24 小时约产生 160 千克水。

三是回收水

宇航员及其他乘员每人每天要排泄 1.6 升尿，尿中含有 96% 的水分。此外，还有不少的洗涤水可以回收。从气体、液体、固体混合物中提炼纯水的最好办法是蒸馏，飞船上配备了以处理废水（尿）为主的蒸馏设备。这套设备由蒸馏器、过滤器、泵组成，与贮水箱连接。废水送入过滤箱进行沉渣处理，固体沉淀下来送废物压缩箱贮存，经过过滤的尿是比较单纯的液体。这种液体经过蒸馏器进一步去掉固体和有毒物质，再经过杀菌消毒处理，并进行化验，其合格净水就可供宇航员饮用了。冷热水管道供应的冷水温度为 7.2～12.7℃，热水温度为 12.7～49℃。如果进一步加热，可得到 71℃ 的水。宇航员用餐、洗澡、盥洗的用水都是靠这些方法解决的。

前苏联"礼炮 7"号空间站设有两个储水器，总重为 400 千克，装在空间站的机器舱中。水管直通厨房，水一方面由燃料电池供给，一方面由"进步"号运输飞船送来进行补给。

探秘宇航生活

TANMI YUHANG SHENGHUO

宇航员在轨道上的生活既忙碌又单调，丝毫没有早期航天活动的激动与惊奇。万事开头难，对于第一次上天的宇航员来说，发射日仍是他们一生中最重要的日子，随着火箭腾空，飞出大气层，太空船被火箭送进太空，而后就像断了线的风筝，越飘越高，飘向预定轨道，这个时候，宇航员们一解开安全带，人就会一下子浮起来。失重到底是什么感觉？100个宇航员会有100种体验。但他们都认同的一个比喻，就是那种乘电梯猛然下坠的提心吊胆的经历。宇航员在太空体验的失重就像坐了上一部没有尽头的电梯，无休止地疾速下降、下降、下降……

困扰太空人的还不止这些。一项调查表明，绝大多数宇航员初上太空都会产生视力下降，嗅觉、味觉迟钝等症候。随着时间的延长，这些因体液重新分布产生的症状会逐渐消除，但是种种陌生的变化会给他们的工作与生活洒上阴影。其实宇航员们在太空的生活实在不怎么有趣。

被歪曲的视觉

在太空中生活并不轻松，这是由于宇航员会经常生病和迷失方向。如今法国和美国科学家发现，零重力也在影响宇航员对大小和距离的正确判断。

这会在宇航员驾驶太空船或在太空行走中实施任务时影响他们的表现。

人类的视觉会因太空中非同一般的状况而产生错觉。一些"阿波罗"号宇航员报告说他们在月球上很难判断距离，比如说，往往觉得远处的岩石离自己比实际距离近得多。

同样，众所周知，美国航天飞机驾驶员在飞行模拟器和训练飞机上的操作要比在执行真正的驾驶任务时出色得多。

一些研究已经表明，这些效应可能是禁闭或缺乏明显标志，如树木和建筑物的结果。但最新研究表明，减少的重力也是部分原因。人类通过利用耳石、小晶体碳酸盐和内耳毛发中的蛋白质来产生三维立体感。当一个人运动时，力量就会施加在这些微粒上，从而让人感受到加速度和重力牵引。生活在零重力环境下就不会产生这种作用，从而让人失去这种感受。当这种效应作用于宇航员的感官上，就会导致他们错误地判断获知大小和距离的标志物，如物体的逝点，从而使他们不能准确地评估物体的尺寸。

为检测这一理论的正确性，研究人员让测试者登上欧洲空间局的零重力飞机"呕吐彗星"，进行零重力测试。此空中巴士飞机重复进行抛物线轨迹飞行，可以产生20秒的微重力时刻。测试者戴上虚拟真实的护目镜，随意漂浮在空气中，再使用手持轨迹球和附近的电脑相连，他们被要求调整一个立方体的线条画，因为他们将此立方体的一个方向给弄歪了。

在正常重力情况下，测试者可以调节立方体的深度和高度。因此，这一立方体的所有面都是一样的长。但在没有重力的情况下，他们就不能做得这么好了。甚至经调整过的立方体还是给弄歪了，有时差到了4.5%。总之，测试者在自由落体时看东西比在正常重力环境下似乎觉得更高、更细和更浅。在月球上，人类眼睛容易被阴影和无大气环境所欺骗，同时月球上的大石头和小石头看起来似乎是一样的。月球重力只有地球重力的1/6，因此月球重力也会歪曲视觉。

在这种视觉歪曲的情况下还很难判断物体的速度，人类视觉多少得根据物体运动时的大小变化来判断物体运动有多快。这可以解释一些太空灾难，如1997年在俄罗斯"和平"号（Mir）空间站上发生的事故。当时名为"进步"号的无人驾驶飞船在此太空站上冲了一个洞，此撞击部分归咎于从监视器图像中难以获知此飞船的飞行速度。

事实上，微重力测试每次只进行 20 秒。研究表明，有感觉问题的宇航员还有生理问题，以至于导致不能适应这种封闭的太空环境。这意味着要消除零重力环境下所出现的感官问题，才可能避免 Mir 空间站上的撞击事故。

然而，对抗歪曲感的办法很微妙。克勒蒙特表示这种测试将可用于电脑显示屏上。但调节太空行走或探测外星球的宇航员视觉将更加困难。不过，大脑能随时间来调节这种视觉歪曲。如果是这样，就能帮助解释摇晃的航天飞机经过长途任务之后能安全着陆。克勒蒙特目前正在探测国际空间站上的这种可能性。在此空间站上，10 名宇航员正在进行检测，人人都在这里待了6 个月，以寻找视觉上的变化。此外还进行了立方体的测试，在此测试中，宇航员被要求估算到所指定照片的距离。

宇航员的洗澡工程

洗澡是保持身体清洁、促进人体健康的一种卫生活动。倘若较长时间不洗澡，人势必会有不舒服的感觉。事实上，在太空亦是如此，但是宇航员享受洗澡的生活待遇并非易事。

专家指出，在飞船里的"宇宙浴室"，其实就是一个如同手风琴的密闭塑料布套。它挂在飞船座舱卫生间的顶棚上，用时放下，不用时叠起来吊在顶棚上。顶棚固定有一个圆形水箱、喷头和电加热器。水箱内盛 5 升水，与飞船的冷热水管道相通。浴室的地板上有一双与飞船舱固定的橡皮鞋。淋浴时，宇航员必须首先把通到浴室外的呼吸管套在嘴上，用夹子把鼻子夹住，避免从鼻道或嘴服进污水。然后放下密封塑料布套，使浴室形成真空，防止水珠向外飘出；接着穿上拖鞋，固定在一个适当的位置。启动电加热器，把水箱中的水加热到适当的温度，而后打开龙头，让温水由上喷下浇在人体上。浴室的地板上有许多小孔，下面是废物集装箱，用于盛废物和污水。当废水箱的水满了之后，就会自动报警，或由飞行专家操作排出舱外，或将废水送入废水净化设备进行处理，然后再用。

美国"天空实验室"的失重淋浴室就是这种类型的，它放在轨道工场的实验工作区，是圆筒形的，外壳是布的。在不用时折叠成扁平的形状。淋浴室的底环固定在地板上，并有脚限制器，上面的环包括淋浴喷头和软管。宇航员在使用淋浴室的时候，在一个增压手提式水瓶中加满热水，然后把水瓶挂在天花板上。一条软管把贮水瓶连到一个手拿的淋浴喷头上，宇航员用手把圆筒形的淋浴室壁向上提到适当位置，便可以用液体肥皂开始洗澡。肥皂和水是定量供给的。

现在美国航天飞机宇航员洗澡已由淋浴改为盆浴，与家庭浴室差不多。唯一不同的是，澡盆里有一副"脚镣"，洗澡时需把脚套在其中，或用保险带系起来，以免飘走。而水有吸附黏性，不流走。因此太空洗澡用水异常节省，不用担心浪费。

第一个在太空中淋浴的宇航员

宇航员韦茨是第一个使用淋浴的人。他说，使用的时间比预料的长些，但出来之后，身上散发出一种很好的气味。1973 年 6 月 8 日，韦茨和他的伙伴曾享受了一次特别难忘的太空热水浴。当天下午 6 时左右，在宇航员座舱，他跨进一个 42 英寸（1066 毫米）大小的圆环里。当他把圆环升高时，连在上面的淋浴布筒便像手风琴一样伸开，并把他罩住。把圆环固定在天花板上像盖子一样的装置上，打开喷头后，一种奇特的现象产生了。喷出来的水不是往下掉，而是散成浓雾般的珠滴四处飘荡，落到人身上和布筒上时发出"吧嗒吧嗒"的响声。水四处飘荡不往下水道里流。韦茨淋水之后便关掉喷头用打了肥皂的毛巾搓洗，然后用剩下的水冲洗，最后开动水泵把污水从淋浴密封桶里抽出来，再用类似真空吸尘器的东西把附在布筒上的水吸走。洗澡过程前后用了一个小时，其中擦澡 15 分钟，而排除污水却用了 45 分钟。

奇妙的睡眠方式

睡眠在我们日常生活中再平常不过了，但太空睡眠就显得很不平常了。太空睡眠之所以不平凡，是因为那里的环境条件与地面上迥然不同。飞船绕地球飞行时，那里便处于失重状态，这是造成太空睡眠与地面上不同的最主要的原因，此外还有昼夜节奏不同，以及存在噪声干扰，等等。

每当遇到床位紧张时，便会常常听到这样的玩笑话：今晚上把你挂在墙上睡。在航天飞行时，这种睡眠方式一点没有玩笑的成分。在失重环境中，不管在什么地方（飘在空中、靠着墙壁、绑在床上）都可以睡眠。不过，许多人对飘浮睡眠不习惯。曾有一位美国"阿波罗"飞船宇航员说："当你在睡眠中发现自己身体下面没任何支撑的东西时，你会有一种掉进万丈深渊的感觉。"同时，为了安全起见，最好还是睡在睡袋中，把睡袋固定在床上或墙壁上，以免到处飘浮，在飞船有速度变化和振动冲击时造成碰伤事故。考虑到人在地面上的睡眠习惯，美国在航天飞机上设置多层水平床铺，每个床铺长1.8米，宽0.75米，有一条能防火的睡袋，睡袋通过绳索和搭钩和床铺相连。睡觉时，钻进睡袋，拉上拉锁，用皮带系住腰部，就可以睡眠了。但是，许多人不习惯睡多层铺。一名欧洲宇航员说，当他在下铺睡眠时，感到好像在床底下睡觉一样。有的人宁愿睡在两层甲板中间的空格中。其实，如果把睡袋挂在墙上，照样可以很好地睡眠。如果将睡袋紧贴墙壁，睡眠时后背可以伸直，会感觉像睡在床铺上一样，只不过垂直床铺比水平床铺多占用23%的空间。欧洲航天局设计了一种新睡袋，为双层充气睡袋。充气后，睡袋被拉紧，给人体施加一定的压力。这不仅可以改善胸部血液循环，还可以消除一种飘飘然的自由下落感。

我们知道，在自给自足的农业社会，生活的普遍规律是"日出而作，日落而息"。而在工业发达的现代社会，又出现了白天睡觉，夜晚活动的"夜游神"。但是在近地轨道飞行的载人航天器一般90分钟左右绕地球飞一圈，也就是说，一个昼夜的周期只有90分钟，白天黑夜各45分钟，24小时内有16个昼夜交替变化。这种昼夜节奏的变化，使宇航员既不能"日出而作，日落而息"，也不能黑夜工作，白天睡眠。为了保持在地球上形成的生命节律，航天飞行中仍以24小时为周期安排宇航员的作息时间，一般8小时工作，2小时用餐，1.5～2.5小时锻炼，3.5～4.5小时自由活动，8小时睡眠。为了不使快速的昼夜节奏影响睡眠，睡眠时应戴上眼罩。更先进的办法是用灯光亮度的变化来模拟地面上的昼夜节奏，以保证宇航员能很好地睡眠。

但是，各种仪器设备工作时产生的噪声仍然会影响宇航员的睡眠。因此，在太空睡眠时还应戴上隔音帽，而进一步的措施是将卧室与其他部分隔离开，用消音材料降低噪音的强度。

为了使宇航员能很好地睡眠，地面上也停止与他们的无线电联系，以免打扰他们。在多人飞船上，一般采用轮流工作制，以保证每个人的睡眠。

尽管如此，仍有许多偶然因素影响宇航员的睡眠。如1982年3月，美国"哥伦比亚"号航天飞机飞行时，因座舱中的静电干扰，指令长洛马斯大部分时间都没睡好，静电的"噼啪"声也影响其他宇航员的睡眠，使大家都很疲劳，地面指挥中心不得不重新安排他们的日程。一些宇航员初进太空时，也会因兴奋而睡不好觉，也有因工作太累和其他种种原因而失眠的，这就需要依靠药物的帮助了。

对太空睡眠问题，航天医学专家们已做了许多研究。早在20世纪70年代，美国就在"天空实验室"上对宇航员的睡眠进行过测量实验，了解到太空睡眠亦和地面上一样分为六个阶段，但较深度的睡眠阶段（第三阶段）更长，醒来的次数减少，每次睡眠中间可能醒来5～6次，也不断翻身变换姿势，但很少做梦。根据太空飞行环境的特点，科学家们已采取了许多可靠的措施来保证宇航员的睡眠，并在不断地加以完善。但是，对太空睡眠这个不平凡的问题，仍有许多问题需要进一步深入研究。

前苏联的太空医学生物学研究所的专家研究过许多宇航员的太空梦。他们的研究表明，宇航员的太空梦完全是地球梦。几次上天飞行的前苏联宇航员克利穆克，在太空梦见过和妻子、儿子一起在森林中采摘蘑菇，甚至还闻到了牛肝菌和变形牛肝菌的香味。宇航员贾尼别科夫和萨维内赫都曾梦见过在莫斯科近郊的家乡、星城宇航员训练中心和他们的亲朋好友。另一名前苏联宇航员梦见过下大雨，而且这梦中的大雨把他惊醒了，使他辗转难眠。

至于太空梦境的颜色，许多宇航员都十分肯定地回答完全是黑白的。第一名到太空行走的宇航员列昂诺夫酷爱绘画，他两次到太空飞行，所做的梦没有一次是彩色的。

而世界上第一名女宇航员瓦莲金娜·捷列什科娃1963年6月16～20日乘"东方3"号飞船在太空飞行71小时，却未做过一次太空梦。

有的宇航员虽然没有做过太空梦，但却遇到过太空幻象。在太空飞行211天的前苏联宇航员列别杰夫，一次在刚刚睡下时，突然眼前一亮，冒出一片闪光，有时像十字架，有时像小球。这时如果想象某人的形象，则这个人就会清晰异常地出现在眼前。为此，他后来有意做了试验，当眼前再次出现闪光时，他就回忆熟悉的地方和友人，结果一切变得非常逼真和亲近。这种状态可保留 5 ~ 10 分钟。

目前，科学家们对太空梦和地球梦一样没有清楚的了解，研究仍在继续。

宇航员睡觉的姿势

在失重环境中，不管以什么姿势（平躺着、直立着、倒挂着、卷曲着）都可以睡眠。不过，如果完全放松睡眠，人的身体会自然微曲成弓形。大多数宇航员认为，身体微曲比完全伸直睡眠要舒服得多。但是，为了防止腰背病，还是后背伸直睡眠好。

在失重环境，一切重量消失了，头和躯体会感到像分离了一样，手臂也像在自由飘浮。一名前苏联宇航员一次把手臂放在睡袋外面睡眠，醒来时在朦胧中发现两只手向他迎面飘来，吓出了一身冷汗。所以，睡眠时最好把手臂放进睡袋中。在早期狭小的航天器座舱中睡眠，为了防止无意中碰着开关，睡眠时必须将双手束在胸前。

不好控制的太空卫生

我们常说，哪里有人，哪里就有垃圾；而载人航天也是如此。密封座舱内的垃圾包括人排出的固、液、气体，卫生辅助品，头发、指甲、食物屑、包装材料、损坏的器具和仪器设备产生的废物，更换下来的仪器设备和零部件，等等。

按理说，放屁是人的一种正常生理现象，但在太空里也是一种令人讨厌的生理现象，特别是那种污染空气的臭屁和以声报人的响屁。在太空放屁是一件很不简单的事。美国宇航局曾对放屁做了专门研究。每人每天平均放屁三次，一天放出的屁，重量约相当于一瓶牛奶。飞船的座舱是密封的，而且空间很狭小。因此，放屁多了会污染座舱环境，使人心情不舒畅，食欲不振，甚至产生疾病。倘若氢和甲烷等可燃气体多了，还有可能会发生爆炸。座舱当然有调节设备，但也会增加调节设备的负担，消耗更多的能源。在失重环境中，放屁的微小推力，还会把人推走！

因此，在太空应尽量少放屁，憋一憋，屁中的氢和氮可由肺部和皮肤排出，其他成分也可进入血液，最后由尿排出。但有时憋屁会感觉不舒服，甚至引起精神不振。这时，也不要随时随地放屁，最好是到厕所里去放。为了减少屁源，应讲究个人卫生，进食时要细嚼慢咽，使食物在肠胃中得到更好的消化。航天食品应避免选择那些容易产生屁的原料。

虽然在太空放屁难，但在太空大小便更难。如果像地面上一样撒尿，由于失重，射出的尿碰到便桶会反弹回来，溅在人的身上或飘浮在空中，拉出来的大便也会到处飘浮。载人航天初期，将尿撒在尿袋中，然后倒掉；大便时，将袋口带胶布的粪袋贴在臀部上，大便完将用过的手纸和消毒水放入袋中，合上袋口，然后抛弃，或者用手将袋中的东西揉捏在一起，放在贮存箱中带回地面检验。加消毒水和揉捏是为了彻底消毒，不然粪便在袋中腐烂，产生气体，袋子膨胀甚至胀破，就会污染环境。

事实上，这种方法也是不可靠的，稍不注意，屎尿就从袋中飞出来。后来逐步改进，美国在"天空实验室"上装有 L 式厕所，就是在舱壁上开一个口子安上便座，大便时双手抓住便座旁的把手，将臀部贴在便座上，粪便由气流抽入一个袋中，水分和臭气通过过滤网兜进入一个容器中处理。便袋中的干粪便就地处理或带回地面。小便则对准一个漏斗，尿通过一根管子被抽入容器中处理。

不过，这种大小便方法对女宇航员仍很不方便。要使妇女在太空失重环境中小便符合卫生要求，是很不容易的一件事。为了解决这个特殊问题，美国宇航局聘用了几名自愿帮忙的妇女，请她们演示了撒尿的全过程，并把整个过程录了像，然后进行研究。他们根据获得的资料，为航天飞机研制了一个男女共用的马桶。该马桶的前端安有尿收集器，以满足妇女便尿的要求。便后，便桶盖自动封闭，里面形成真空使粪便干燥，固体部分弃之舱外，液体部分经再生处理，成为使用水。

说到太空用水，要算洗澡最奢侈了。作为个人卫生活动，洗澡是必需的。

但太空中的水跟银子一样昂贵，再加上以高昂运费送上天的洗澡设备，洗一次澡的代价是非常昂贵的。一般一个星期甚至一个月才能有一次淋浴，这从费用、心情和身体舒适方面讲，都是一次高贵的享受。显然，少于一星期或一个月的短程航天是无法享受太空淋浴的，即使出了大汗，也只能用毛巾擦一擦身子。没有淋浴设备的载人飞船，宇航员也只能用湿毛巾擦身。

1985年在"礼炮7"号航天站上生活211天的前苏联宇航员列别杰夫，在他的日记中对太空淋浴做了生动的描述。他说，为了洗一次澡，准备工作需要花好几个小时。淋浴时，必须把双脚固定起来，不然，飘浮着的身体被水一冲，就会翻筋斗。在失重状态下水是危险品，少量的水也会呛伤人，甚至把人溺死。为了安全起见，最好戴上呼吸罩和护目罩。因此，太空淋浴总是在紧张中进行的，使人有一种既危险又舒适的探险的心情。

在太空飞行，除了个人卫生外，环境卫生也非常重要。在狭小封闭的座舱中，环境卫生甚至比地面上更重要。保持环境卫生，除了空气的自动净化外，密封座舱要经常打扫。保持环境卫生最困难的是垃圾处理，对短期航天来说，把垃圾收集起来带回地面即可。

 知识点

宇航员处理生活垃圾的办法

在太空，生活垃圾处理的办法目前有两种：①将垃圾压实成块，像发射炮弹一样从航天器上发射出去。不过不是像发射卫星那样向上发射，而是向下发射，让其进入大气层中烧毁。这种"发射法"的优点是及时，不增加航天器的重量负担，而且可以防止垃圾腐烂发臭，滋生霉菌，污染空气，但需要添置必要的设备。②将垃圾积存起来带回地面处理，该方法不妨叫"零存整运法"。前苏联的"礼炮"号和"和平"号航天站就采用这种办法。"进步"号货运飞船的每次飞行，都要带回一吨多垃圾。这种方法要支付一定的空间运输费用，而且要解决垃圾存放时的防腐、防霉、污染环境等问题。

太空中的体育活动

根据上述太空中的各种情形，我们也会想到太空体育活动与地面上的体育活动有许多不同。

（1）它有特别强的针对性。在地面上开展体育活动，其出发点自然是增强体质，但有时也是为了比赛或表演。而太空中的体育锻炼则不然，它有非常明显的针对性，就像人得了某种病，遵医嘱进行某项体育锻炼一样。迄今没有为了太空体育比赛而进行太空体育锻炼的，也许将来将会有，但那是将来的事。

长期待在航天器飞行的失重环境中，由于"用进废退"规律在起作用，无用武之地的肌肉会萎缩，人的体重会减轻，骨骼会丧失钙质，还会产生其他一些体质变化。这是人体对失重环境的一种自然适应，要是一直待在失重环境中，这不会成为什么问题。但在目前，人还不能总是生活在失重环境中，进入太空的人总是要返回地面的。一旦返回地面，体质的这些变化就会成为一种病症。长期太空飞行的宇航员返回地面时要用担架抬下航天器，就是为了避免突然在地球重力作用下行走使缺钙变脆的骨骼碎裂或折断。有的宇航员在返回地面时，不能立即站立和行走，就是肌肉萎缩而无力反抗地球重力的缘故。前苏联一名宇航员在太空飞行 6 个月后返回地面时，家人给他献了一束菖蒲花，他竟无力拿起这束鲜花。

太空中无法实现的运动——滑雪

在太空进行体育锻炼，是对抗这种病变的有力措施。前苏联宇航员柳明，在完成 175 天的太空飞行之后不到 8 个月，接着又进行为期 185 天的太空飞行。由于他坚持体育锻炼，返回地面后，体重增加了 4.5 千克。在太空飞行 326 天的前苏联宇航员罗曼年科，依照专家制定的体育锻炼程序，每日坚持锻炼，使脉搏经常稳定在每分钟 62 次，血压保持为 10~16.6 千帕（75~125 毫米汞柱）。返回地面时，体重仅减轻 1.6 千克，骨组织的光学密度虽下降了 5%，小腿肌肉体积缩小 15%，但都保持在规定的范围内，其他生理指标也一样。所以在返回地球后 3 小时便能自主地活动，第二天就和妻子一道散步。这比他 10 年前完成 96 天太空飞行归来的情况要好。

（2）在失重环境中进行体育锻炼是一件很困难的事。由于场地等限制，地面上的许多体育项目是无法进行的，如游泳、滑雪、滑冰、越野、爬山、球类等。由于失重，地面上另外许多体育锻炼项目，如铅球、铁饼之类，可以不费吹灰之力推出很远很远，达不到锻炼身体的目的。举重也一样，脚踩地面，手举杠铃，稍一用力人和杠铃就会一起飞走。即使将脚固定在地板上，人不飘浮了，但举起 500 千克重的杠铃也不过是伸伸胳臂而已，与做操无异。大家可能见过一个人在另一个人的一只手指上倒立的太空生活照片，似乎那只手指力顶千斤，但那不过是渲染气氛而已，其实倒立的人的重量为零。诸如此类，不费力气，当然达不到锻炼筋骨的目的。还有单杠、双杠、吊环、跳马，恐怕人人都会身轻如燕、生龙活虎地进行一番，但最多也只能算是徒手体操而已。

那么，目前在太空有哪些体育锻炼项目呢？

（1）踩"自行车练功器"。自行车的车架是固定不动的，只有车轮可以转动。为了不使身体飘浮，需用安全带固定起来，然后双脚克服弹性带的弹力蹬动车轮，数字记功仪表通过传感器记录所做的功并显示出来。美国"天空实验室"和前苏联"礼炮"号航天站上的宇航员每次踩自行车练功器做的功不得少于 392~441 千牛·米。

太空运动项目中的自行车练功器

（2）在"微型跑道"上跑步。所谓"微型跑道"，只不过是一个皮带式的滚道。名为跑步，其实身体的直线位置是不变的，人站在滚道上，为了跟进滚动的滚道，需要克服 50 千克力（490 牛）左右的皮带的拉力。这是模拟人在地面上的体重。人在地面上跑步，正是骨骼—肌肉系统克服地心对人体的引力而达到锻炼的目的。在"微型跑道"上跑步，皮带拉力造成的负荷，可以使骨骼—肌肉系统得到锻炼。美、苏都规定，每次在"微型跑道"上跑步的距离应达到 3000～4000 米。前苏联宇航员罗曼年科在 11 个月的太空飞行中共跑了 1000 多千米。

（3）拉"弹簧拉力器"。弹簧的拉力是与重力无关的力。因此，在失重环境中拉"弹簧拉力器"，仍然需要用力气。太空中用的弹簧拉力器与地面上用的相同，一般有五根弹簧，每拉长 0.3 米要用 11 千克力（107.8 牛）的力。

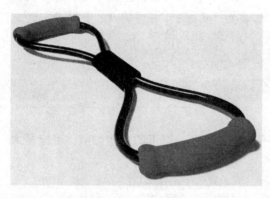

太空中训练所用的弹簧拉力器

（4）体操也是太空体育锻炼的一个主要项目。在载人航天初期，飞行时间短，座舱中没有配备体育锻炼器材，体操几乎是唯一的体育锻炼活动。前苏联早期的"联盟"号飞船宇航员，每昼夜做两次体操，每次 30 分钟。随着航天时间的延长，每次体操的时间也延长到 60 分钟。

还有一种"准"体育器材，就是"负压裤子"。这种裤子可以密封，穿上后将里面的空气抽掉，造成下身负压，使在失重环境中往上涌的血液流向下肢，以避免下身病变。

纵观上述太空体育活动，宇航员与襁褓中的婴儿一样，只是原地伸伸胳膊动动腿而已。而负压裤子恰似真正的襁褓，连手脚都不用动了。但是，太空中的体育锻炼要求是很严格的，因而也是十分艰苦的。美国"天空实验室"上的宇航员，每昼夜需进行 3 次体育锻炼，每次的时间分别为 30 分钟、60 分钟和 90 分钟。前苏联"礼炮"号航天站上的宇航员，每昼夜也是 3 次体育锻炼，其中两次各 75 分钟，一次 30 分钟。地面指挥中心通过遥测系统对宇航员的体育锻炼情况进行监督和监测。

知识点

宇航员在太空如何称体重

宇航员若在空间站上长期工作，要定期检查身体的健康状况，包括称体重。由于太空中宇航员处于失重状态，因而在太空中称体重与在地面称体重的方法完全不同。宇航员在空间站上称体重时，首先站到一个位于杠杆之上的踏板上，使踏板上的一根弹簧收缩，然后借助一种专门扳手的帮助松开弹簧，使弹簧发生振动。测量仪通过测量弹簧的振动幅度，即可测量出宇航员的体重。这种体重测量仪是前苏联专家专门为在太空工作的宇航员称体重而研发的。早在 1974 年，前苏联宇航员在"礼炮 3"号空间站工作时就开始使用这种仪器测量体重。

宇航员的小乐子

太空生活虽然引人入胜，但有时也很平凡。以下的一些细节，可能是太空生活中你所不知道的一面。

Ipod

最近几年，宇航员开始被允许带着 Ipod（大容量 MP3 播放器）飞行。宇航员所携带的 Ipod 是经过特别改装的：锂电池被拿走，取而代之的是两节碱性电池。因为目前只有碱性电池被允许带上宇宙飞船。宇航员得尽量多带碱性电池，因为在太空飞行中 Ipod 的耗电速度非常快。

但是，到达国际空间站后，宇航员却不能把 Ipod 从宇宙飞船带进国际空间站，因为 Ipod 还不被允许进入国际空间站。

宇航员可以携带的 Ipod

银 器

现在，每位宇航员被允许带一套银器上太空。由于他们不能在太空洗碟子，所以他们每次用餐过后，只能用消毒布擦刀叉。

比萨饼

美国宇航局能够把人送上月球，却还不能把比萨饼送上宇宙飞船或者国际空间站。比萨饼到了太空根本成不了形，既不能将之冷冻，也不能很好地脱水保存。倘若在太空叫比萨饼外卖，可能得等几十年后才能实现。

来自纽约的宇航员迈克·马西米诺特别怀念香喷喷的比萨饼。他说："如果有人能够研制出能上太空的比萨饼，他会获得诺贝尔奖。"此外，太空没有雪糕，也没有冰箱。

宇航员不可携带的食物之一——比萨饼

锁

很多年前，在一次太空飞行中，一名机长担心一名他认为情绪多变的宇航员会惹事，因此要求配备一把锁，把太空舱从里面锁起来，以防在飞行过程中有人不小心把舱门打开。但是，地面指挥官拒绝了装锁的建议。他开玩笑说："我的理解是我们能够在没有锁的情况下飞行。在发射前，我会询问每位宇航员的心情——有人想要自杀吗?"

垃 圾

宇航员不能在太空舱里乱丢垃圾。根据要求，宇航员必须尽量把盘子里的食物吃完，把杯子里的咖啡喝光，因为他们所制造的垃圾数量必须符合厨房垃圾箱的规格。如果有剩余的食物，他们必须把食物包起来，体积尽可能地压到最小。

洗衣服

宇航员从来不需要担心洗衣服的事情——在太空根本没办法洗衣服，因为水资源太珍贵。因此，无论太空行程是 12 天还是更长，宇航员都得一直穿同一套衣服。宇航员的 T 恤、袜子和内衣裤镶了一层特制的织物，能够吸收气味，令衣服更加耐穿。美国宇航员的衣服，包括内衣裤，都会被留到下一次飞行任务时循环再用。

现　金

现金在太空毫无价值，但当 7 名宇航员在狭窄的太空舱里共同生活时，小团体内部的"市场机制"就会开始运行。偷藏了更多 M&M 巧克力、墨西哥玉米饼或者咖啡的人，将具备跟别人讨价还价的权力。这些零食在太空比钱更珍贵，特别是当某位宇航员"弹尽粮绝"的时候。在太空中，每位宇航

宇航员也用现金

员所配备的食物带有不同的颜色标识。据美国宇航局内部人士透露，在太空飞行任务快结束时，如果有宇航员的某种食物（例如肉酱意粉）吃完了，他可能会偷偷换掉颜色标识，把同行的意粉偷吃掉。

宇航员的周末

事实上，像在地面一样，宇航员也有作息时间表，有自己的业余时间，空间站的宇航员每周可休息 1 ~ 2 天。

宇航员们的业余生活是丰富多彩的。他们最喜欢的娱乐是观察窗外的美景——地球上的各式各样阴影、纹理和日落日出的壮观景象。其余时间可以

宇航员在观看太空景色

进行体育锻炼，如在小型的跑台上奔跑、踏自行车、做体操，运动时还有优美的音乐伴奏。此外，还可以读书、看电视、听音乐，干自己喜欢的事。

空间站上有太空图书馆，宇航员们可以去看书。美国的宇航员们都有自己的随身听，可以放 CD，也可以放磁带，宇航员们有时听着音乐，看着外面的美景就睡着了。飞行时间长的还配有录像机，可以在太空中看电视。有一些喜欢音乐的宇航员将自己喜欢的乐器带到太空中，弹奏"太空之曲"。在太空中的失重环境下打牌和做游戏也是十分有趣的。宇航员们有时聚集在一起打扑克，但在太空中打扑克并不是那么容易的事，牌打到桌面上就会飞起来，只好做一个特殊的桌子，出牌后就将它压住。吃饭时宇航员聚集在一起时可以玩各种游戏，如几个宇航员追着空中飘浮的花生，看谁吃得多。宇航员最希望的业余活动是与地面的亲人通话，以解太空孤独之苦。

太空中的节日

每年的 12 月 25 日是圣诞节，它像中国的春节一样，是西方人一年中最重要的节日。在这天，全家人聚集在一起，互相赠送礼物，祝福节日快乐。这个时候，也有一些勇于太空探索的人，远离亲人，在遥远的太空度过这个喜庆的日子。

第一个在太空过圣诞节的是"阿波罗 8"号的宇航员。"阿波罗 8"号飞船在 1968 年 12 月 21 日发射，于圣诞节的前夕（12 月 24 日）进入月球轨道。圣诞节前夕，"阿波罗 8"号的指令长弗兰克·保曼、驾驶舱驾驶员吉姆·洛弗尔和登月舱驾驶员威廉·安多斯向地球发送了著名的平安夜祝词，世界各地的人们都将目光投向了遥远的太空。然后，每名宇航员都朗诵了《物种起源》一书中的一段赞美诗，并送给地球上参加这次天地圣诞节庆祝会的人们一个宝贵的圣诞礼物——他们在月球轨道上拍摄的地球和月球的照片，其中一张是美丽的、蔚蓝色的地球从月面升起。最后保曼祝福所有"阿波罗8"号的宇航员拥有好运气、圣诞节快乐，祝愿上帝保佑他们，并保佑地球上的所有人。

第二批在太空中过圣诞节的宇航员是1973年发射的"空间实验室"4号机组乘员。为了增加节日的气氛，指令长杰拉尔德·卡尔、驾驶员威镰·鲍和科学家爱德华·吉普生用食品罐头做了一棵圣诞树。

20多年以后，美国宇航员约翰·布拉哈在外太空度过了圣诞节。他在1996年登上俄罗斯的"和平"号空间站，并与两名俄罗斯宇航员瓦列里·考尔尊和亚历山大·卡列里一起庆祝了圣诞节。此后，他的同事俄罗斯宇航员亚历山大·卡列里作为国际空间站第八长期考察组的成员，在太空中度过了他的第二次太空圣诞节。

而后来，由美国发射的"发现"号STS—103机组的宇航员也在太空中度过了他们的圣诞节。STS—103是第一个和唯一的一个在圣诞节执行飞行任务的航天飞机。这次"发现"号航天飞机的任务原定于2000年执行。但是，为了避开千年虫可能带来的不利影响，美国宇航局决定在1999年圣诞节前发射，以便在元旦前返回。"发

太空中的宇航员也可以吃到火鸡

现"号此行的目的是执行被拖延的"哈勃"太空望远镜修复任务。机组共进行四次太空行走，更换太空望远镜上四个失灵的陀螺仪，并做一些保养工作。宇航员福尔和他的STS—103同事们在圣诞夜送给全世界一个非常有意义的圣诞节礼物——"哈勃"望远镜恢复了工作。经过连续三天的太空漫步，在圣诞节的这天，他们将把修复好的"哈勃"望远镜放回太空，恢复它的正常工

作。在"发现"号航天飞机将"哈勃"望远镜放置到太空后，每个STS—103的宇航员（他们之中有美国人、法国人和瑞士人）用各自的语言向地球上的人表达了节日的祝福。

由于国际空间站是半年交换一次考察组，在太空站上过圣诞节的宇航员也随之增加了。首先在国际空间站上过圣诞节的是2000年进驻空间站的第一批长期考察组的三名宇航员：美国的宇航员威廉·谢泼德及俄罗斯的两名宇航员尤里·吉德津科和谢尔盖·克里卡廖夫。他们在空间站上度过了一个安静的圣诞节。圣诞节那天，宇航员们打开了地面早就送上去的圣诞节礼物，并与地面的亲人通了话，互相表示了节日的祝福。国际空间站第四和第六考察组的宇航员也在空间站上度过了这个节日。第四考察组的宇航员在圣诞节的时候，通过天地网络系统，向他们的家人、地面工作人员和全世界的人们表示了节日的祝福，他们还在站上进行了三人的圣诞节会餐，菜单里有火鸡和其他的节日食物。第六考察组的宇航员也像第四考察组的宇航员一样，通过天地网络系统与家人和地面工作人员一起度过圣诞节，在太空站上，宇航员们戴着圣诞老人的红帽子，轮流表示自己的祝福，地面的工作人员和家人也回赠以节日的问候。

宇航员眼中的地球

资料表明，凡是到太空去过的宇航员都说，即使是一个简短的轨道飞行，也会令他们终生难忘。人在太空看到的现象在地球上是无法想象的，例如太空中日与夜的快速交替。宇航员环绕地球只需1.5小时，这意味着宇航员每天可以16次看到太阳升起。

这里是宇航员维·西万斯特亚诺夫的描述："当飞船在地球背影部分并逐渐迫近白昼与黑夜之间的分界线时，便可看到黎明时的彩色。首先看到新月状的深红。然后它上面的空间快速变亮，深红色扩大并成为橘红色和黄色。空间破晓时的主彩色光谱开始形成。出现了白昼和黑蓝色，然后是紫色、深紫色及其以后的近似黑色的黑影部分。这时能看到天空的星星。"

而尤利·格拉次可夫说："地球的彩色光谱，北极地区的冰和赤道上的夏季是不相同的。你可观察到密林光亮的绿色，地球巅峰的白雪和蓝色的海洋。整个彩色使你眩目。看到的一切是一幅令人陶醉不能不赞赏的地球奇异的自然图景。"

斯·萨维茨卡娅则指出："地球，不仅是亮的一边，背影的一边也极其漂亮动人。当飞船处在地球背影部分，我们在飞船舱外的开放空间度过了一些时候。有两件事给我留下了不可磨灭的印象：多云的地方雷暴轰鸣；在黑暗背景衬托下电光闪烁和彩色狂舞，确是像梦幻般的仙境。各种灿烂的效应展现出地球自然界充满了魔幻。"

当回忆起自己的感受时，阿·拉维金说："回想起空间飞行，不得不指出最美丽和印象最深的一事，即太空行走。当阳光射进充满空气的太空舱时，它涌向每一样东西，我们的灯光似乎变暗，这是一个可爱的时刻。我们注视着美丽的地球，真无法想象在太空能感觉环绕地球自由飞行的可怕速度，它确实难以置信！"

在着陆地球时，同样是无与伦比、激动人心的奇观。初始，宇航员们经受的东西连科幻作家都未想到过，神话故事里也未听到过。宇航员坐在返回舱内以极高的速度冲入大气层，冲向地球，剧烈的摩擦点燃了飞船的外壳保护层表面，产生几千度高温，构成一个燃烧着的等离子流星，他们就从这个火流星内部向外观察，就像坐在巨大的火球中心而安然无恙。尤里·加加林第一个透过飞船小孔观察火焰流涌和听到飞船保护层燃烧时的爆裂声。他说，未保护的天线着火，就像一根火柴燃烧，当仪器舱从返回舱分离出来时，发生同样的情况。

由于每个宇航员的个人倾向和性格，回忆因人而异。把他们的上述感觉和印象相对照，便会获得一个太空飞行奇观的印象。太空飞行是何等美妙、神奇而充满神秘！

形形色色的宇航任务
XINGXING SESE DE YUHANG RENWU

　　航天员是开拓太空之路的先锋，作为一名航天员需要具有崇高的献身精神、高深的学识水平、非凡的工作能力、优秀的环境耐力、良好的心理素质和健康的身体条件。早期的宇航员都是从空军的飞行员或试验飞行员中挑选出来的。在航天过程中要遇到各种特殊环境因素，如超重、失重、低压、缺氧、高低温、振动、噪声、辐射、隔绝等。在航天员的选拔过程中，要淘汰那些对这些特殊环境因素敏感和耐受能力差的人，挑选耐力和适应性优良者。

　　随着飞船的设计逐步改进，对宇航员体格的要求亦相应地降低。现时，宇航员可分为驾驶员、任务专家和载荷专家；驾驶员的任务是驾驶飞船，而任务专家和载荷专家则负责一连串的研究和试验。

做开路先锋的动物们

　　事实上，动物上天已经不稀奇，前苏联/俄罗斯和美国在载人航天的不同阶段进行了不同的动物实验。这些动物实验为载人航天提供了科学依据，为载人航天的成功作出了很大贡献。动物航天的历程大体上可分为载人航天前的准备阶段、登月前的准备阶段和国际生物医学计划实施阶段。

载人航天前的准备阶段 (1948~1961 年)

动物航天实验的目的

前苏联和美国在 20 世纪 40 年代末就开始了动物航天实验。这些实验的目的是：

（1）探查陌生的空间环境，观察空间辐射和微重力等因素对动物的影响，并查明这些因素是否会引起动物损伤性的变化，以推断将人送上天是否有危险，以及如何防止这些危险。

（2）检验载人飞船的发射过程，并对飞船的一些重要系统进行空间实验，确定飞船系统的效能和可靠性，以保证载人航天的顺利进行。

动物航天实验的方式

在载人航天前的准备阶段，动物航天实验的方式主要是生物火箭实验和生物卫星实验。

（1）生物火箭实验

从 20 世纪 40 年代末到 50 年代的这十多年中，前苏联和美国用火箭将猴、狗和其他动物发射上天，在接近航天的条件下进行了生物医学研究，目的是了解近轨道飞行的环境因素对动物的影响。

美国在 1948~1952 年先后发射了 8 枚生物火箭，飞行的动物是 7 只麻醉的猴和 14 只清醒的小鼠，火箭飞行高度为 58~134 千米。该实验记录了飞行中猴的心率、呼吸和血压，并拍摄了小鼠的行为。从这些实验中不仅可以了解整个飞行中动物的状态，对载人航天器的设计和改进也提供了科学数据。

例如，1948 年将一只猴发射到 62 千米的高空，可惜的是在返回时由于降落伞系统失火，动物受冲击而死亡。1951 年 9 月，将十一只小鼠和一只猴发射到 71 千米的高空，由于使用了改进的降落伞回收系统，小鼠都活着顺利回到地面，而猴仍在冲击着陆后死亡。在随后的 1952 年 5 月发射的两只猴因生命保障系统得到改进而成功地返回地面。1958 年，美国利用火箭进行了三次载小鼠的亚轨道飞行实验，飞行高度为 224 千米，目的是研究动物在 20~30 分钟失重时间内的生理反应。通过遥测心电说明，小鼠可以耐受整个飞行过程。1958～1959 年，美国利用"丘比特"火箭进行了三次载动物飞行，目的是观察未麻醉的猴在飞行过程中的意识和确定保障生命活动的基本条件。虽然其中的两次飞行没有回收到动物，但采集的遥测资料为以后的载人航天飞行提供了参考数据。

与美国相比，前苏联的空间动物实验处于领先地位，这些实验也为前苏联载人航天的首次发射成功起到了重要的保障作用。在 1949 年以前，苏联就用 A—3 和 A—4 系列地理火箭将狗送入空间。

1949～1952 年，前苏联进行了密闭舱生物火箭探测，发射了 6 枚火箭，飞行高度为 110 千米，有 9 只狗参加实验，其中三只参加了两次飞行。此实验的目的是检测动物密闭舱的生保系统和回收系统，并了解动物高空飞行时的生理功能和行为状态。飞行结果证明，采用再生气体的密闭舱可以保证两只狗飞行三小时，而飞行综合因素却没有引起动物行为和生理功能的明显改变。

1953～1956 年，前苏联发射了 9 枚火箭，飞行高度为 110 千米，12 只狗参加实验，记录了狗在飞行中的四大生理指标（呼吸、心率、血压和体温）。目的是研究穿密闭服的动物在非密闭舱内的生理反应以及在不同高度弹射回收动物的安全性。后来飞行结果证明，在非密闭舱中穿着密闭服的动物，在 79～86 千米高度以 565～728 米/秒的速度和在 39～46 千米高度以 1020～1150 米/秒的速度弹射回收是可行的；在完全和部分失重的情况下，动物的脉搏、呼吸和血压无明显异常。

1955～1960 年，前苏联发射了 11 枚火箭，飞行高度为 212～450 千米，14 只狗参加实验，部分动物飞行了 2～3 次。目的是探测更高高度的飞行对动物的影响，研究有关设备与防护措施在保证动物安全中的作用。飞行结果证明，失重对狗的生理功能影响不大，在整个飞行期间，密闭舱提供了维持动物生命的可靠条件；在再入阶段，由于引导伞释放前振动和翻滚产生的多项加速度对狗有严重影响，回收后即刻发现部分狗的肛门、鼻和眼巩膜有出血现象。此结果对载人航天器的发射和返回技术提出了更高的要求。

我国在 1964～1966 年成功地发射了 T7A—S1 和 T7A—S2 生物探空火箭，先后将狗、大白鼠和小白鼠等动物垂直发射到 70～80 千米高空，用于研究火箭发射过程中的主动段、失重段和返回段环境对动物机体的影响。

研究证明，通过生物火箭实验达到了以下目的：

①获取了火箭在飞行过程中的一些动力学因素（如超重、失重、噪声和振动冲击）对动物生理功能影响的实验资料；

②初步了解了高空大气的物理性质和宇宙辐射的强度；

③初步解决了密闭舱弹射、回收和安全救生的方法；

④研究了密闭舱生命保障系统和防护装置；

⑤发展了生物遥测技术。

（2）生物卫星实验

人类首次生物卫星实验是前苏联在 1957 年 11 月 3 日发射第二颗人造地球卫星时进行的。该卫星上携带了一只名叫"莱伊卡"的狗，这也是第一次在轨道上进行的长时间生物医学研究。这次生物卫星实验研究了空间综合因素对高等动物的影响，并考验了从 1956 年开始研制的生保系统和生理遥测系统等飞行装置的效能。因这颗人造地球卫星不能返回地面，"莱伊卡"在消耗完卫星上的氧气后死亡。但此次飞行说明高等动物可以耐受发射和轨道的飞行环境，特别是能在失重环境下生活。

1960～1961 年，前苏联利用可返回地面的卫星式飞船进行了生物研究，先后发射了 5 艘卫星式飞船，除第一艘外，其他的飞船上都载有动物（狗、大鼠、小鼠、豚鼠、蛙和果蝇等）。在卫星式飞船飞行期间，利用遥测技术记录了狗的四项生理指标，并用舱内的电视摄像机记录了动物的反应和行为。

美国在载人航天前的准备阶段也进行了生物卫星实验，主要以猴和黑猩猩作为实验对象。最后，美国还在"水星"号飞船上进行了载人前的生物飞行实验。1961 年 1 月 31 日，一只叫做"哈姆"的黑猩猩在"水星"号飞船的座舱内完成了 16 分 32 秒的亚轨道飞行实验。三个月后，宇航员谢泼德完成了首次载人亚轨道飞行。同年 11 月，另一只叫做"埃罗斯"的黑猩猩也乘"水星"号飞船上天，完成了三圈轨道飞行。1962 年 2 月 20 日，美国宇航员格伦完成了首次载人轨道飞行。

与生物火箭相比，生物卫星飞行的时间更长，而且具有较长时间的失重环境，因此可以获得更多的实验资料。通过在生物卫星上的动物实验，人们进一步消除了上天前的一系列疑虑，排除了空间因素对人体有重大危害的可能性，证实了载人航天的可能性和可靠性。它为载人航天起到了"开路先锋"

的作用。

登月前的准备阶段（1966～1970 年）

美国在苏联赢得了载人航天"第一"之后，为了与其进行空间竞赛，制定了"阿波罗"登月计划。与此同时，前苏联也在进行着载人登月的准备。而此阶段开展的航天动物实验就是为配合载人登月任务而开展的。实验的主要目的是研究地球—月球—地球飞行和较长时间飞行时失重、电离辐射与其他因素对动物体的影响，以便为宇航员的登月和更长时间的飞行提供科学依据。

20 世纪 60 年代中后期，美国先后发射了 6 颗生物卫星，由于种种原因只有两次飞行成功，进行实验的动物包括猴、甲虫、寄生蜂和果蝇等。不过，猴未完成原定的 30 天飞行，飞行了 8 天半后就返回地面，回收后 12 小时便因心室纤颤而死亡。实验结果也表明，辐射与失重或航天其他因素的综合作用可使果蝇对辐射的敏感性增加。美国在实现载人登月后仍未放弃动物航天实验，1973 年发射的"阿波罗 17"号飞船还首次进行了哺乳动物与人的结伴飞行，有五只囊鼠与三名宇航员一起飞往月球，并绕月球轨道飞行了数天，其目的是研究高能宇宙粒子辐射对动物大脑的影响。

国际生物医学计划实施阶段

前苏联从 1970 年开始发射以"宇宙"命名的一系列生物卫星，之后还邀请美国、法国、匈牙利、波兰、捷克、保加利亚、罗马尼亚、民主德国等国参加该生物卫星计划。20 世纪 70 年代发射的"宇宙"系列卫星中携带的哺乳动物主要是大鼠，而到 80 年代后期还增加了猴。"宇宙"生物卫星计划研究的目的是了解短期失重和辐射对动物的影响，以及研究保护动物免受失重影响的方法。

除了在生物卫星上进行研究外，美国、前苏联/俄罗斯和欧洲空间局还利用有人和无人飞船以及空间站、航天飞机等进行了大量的搭载动物实验。例如，前苏联在"卫星 1～5"号飞船、"联盟"号飞船、"礼炮"号空间站与"和平"号空间站中都进行过动物实验。动物实验研究的范围很广，包括遗传学、胚胎学、细胞学、组织学、形态学、解剖学、生理学、生物化学、行为学、放射生物学等。研究的结果不仅证实了以前短期航天飞行时所观察到的一些生物现象，而且还获得了一些新的发现。

宇航员的工作

载人航天是为了探索宇宙空间，开发和利用宇宙空间独有的资源为人类服务。宇航员上天当然也离不开这些目的，宇航员在太空飞行期间要按照预先在地面上编好的工作程序一步步去工作。如果一项工作没完成，就会影响到下一项工作；所以，宇航员在天上的工作是相当紧张的。

那么，宇航员在天上到底有哪些工作要做呢？由于宇航员在太空中的任务很多，不可能在一次飞行中完成所有的任务，所以每一次飞行都有自己的侧重点。每次飞行的任务量与宇航员在太空中停留的时间有很大关系，飞行时间少的，工作内容就少。下面以航天飞机和国际空间站的宇航员为例，来说明宇航员在太空中的工作。

航天飞机宇航员在飞行中的主要工作

其实，研究人员在设计航天飞机时，便已确定它在太空中一次飞行时间不超过两个半星期。航天飞机宇航员在这时期的主要工作是：

（1）保证航天飞机的正常运行

宇航员在太空的首要任务是要保证航天飞机的正常运行，这样才能执行其他的任务。例如，要进行航天器控制的常规操作，维修航天飞机生活舱或工作舱内的仪器、仪表系统，定期向地面通报航天器运行状况和自身的身体状况等。

（2）释放卫星和回收卫星

宇航员在太空可以释放卫星或利用航天器上的机械臂将有故障的卫星"抓"回来，并进行维修。也许航天飞机有史以来发射的最有名的卫星要算"哈勃"太空望远镜了。航天飞机后来曾经三次回到太空为"哈勃"更换部件。在更换部件前，一名宇航员必须用航天飞机上的机械手将它捕获，运送到有效载荷舱内。宇航员进入有效载荷舱，爬上"哈勃"太空望远镜，安装新部件。当地面控制人员确信"哈勃"望远镜运行状态良好后，再由机械臂将它释放回太空。

（3）进行科学试验

宇航员在太空可以利用空间的特殊环境进行很多科学实验，具体地说，包括以下三部分内容：

①空间生命科学试验。观察宇航员在失重环境下机体出现的生理、生化变化，探讨其机理和验证防护措施的有效性；研究动物和植物在太空环境中的生长、发育和变异等。

②空间科学的研究。宇航员在航天器上可以操作各种观察和测量设备，对地球环境、太阳、月球面、地球磁场、电离层、大气层等进行深层次的观察与研究，通过载人航天器上的天文望远镜，进一步揭示天体的真实面貌。

③对地球进行观察。宇航员利用远离地球的有利条件，可对地球表面进行全面的观察、摄影和光谱测定。通过这些工作，收集有关地球自然资源、地质地貌、大气层状态、耕地季节变化、世界海洋变化、水生生物状态、沙漠植被作物覆盖、森林的覆盖与储量等信息。

（4）太空生产

在太空中还可以利用太空独特的失重环境，研究、加工和生产在地球上不能生产的、性能优良的新材料和新产品。宇航员在天上操纵"合金"和"结晶"的电加热炉，便可制取非常纯的半导体材料砷化铟和砷化镓。它们的经济价值很高，估计每千克价值可达 100 万美元。空间制药和生物制品可以大大提高药品的纯度和产量。据推测，目前能在天上生产的药品多达三四十种。在天上生产药物一个月的产量可相当于地球上同样设备 20 年的产量。

（5）组装国际空间站

国际空间站是有史以来规模最庞大、设施最先进的"人造天宫"。据资料显示，国际空间站总质量可达 400 多吨，大致相当于两个足球场大小。这个庞然大物是不可能在地面组装好发射到太空的，它采用的是桁架挂舱式结构，即以桁架为基本结构，增压舱和其他各种服务设施挂靠在桁架上，形成桁架挂舱式空间站。而组装国际空间站的任务则落到美国航天飞机和俄罗斯"联盟"号宇航员身上。他们必须将组装的部件送上太空，并进行舱外活动，将它们组装起来。通过宇航员的工作，国际空间站建成了"曙光"、"星辰"等 6 个舱以及机械臂和太阳能电池等外部设施。在 2000 年 11 月 2 日，首批三名宇航员进驻空间站，现在在国际空间站的是第九批长期考察组。

国际空间站宇航员的任务

国际空间站与航天飞机的最大不同点是，它可以长时间地环绕着地球运行。按照设计，国际空间站的寿命是 15 年。在国际空间站上的宇航员可以长时间地生活在太空，地面将不断地派遣长期考察组进入国际空间站，并停留较长时间。他们在太空的工作内容基本上类似于航天飞机上的宇航员，不同考察组的工作有其侧重面。例如，国际空间站第一长期考察组的任务是：

（1）安装和调试空间站上的现有设备和陆续到达的新设备，将目前对接在一起的"恒星"号服务舱、"曙光"号功能货舱和"团结"号节点舱的电脑连成统一的电脑系统，并对这些设备和系统进行测试；负责搬运"进步"号货运飞船和航天飞机运来的仪器等货物，并将它们安置在相关舱室的相应位置。

（2）完成涉及医学、生物学和工艺技术等方面的 23 项科研项目。

（3）进行出舱活动，完成一些组装工作及国际空间站各部分之间电力和通信线路的连接工作等。

由于宇航员在国际空间站停留的时间长，他们可以进行更长时间、更深入的科学研究。例如，在进行失重对人体影响的研究时，在航天飞机中，只能观察短期失重对人体的影响，而在国际空间站上可以观察长期失重对人体的影响，并且由于空间站上实验设备齐全，宇航员们可以进行更深入的研究。

到开放空间作业

宇宙空间的环境极其恶劣，人到开放空间活动是很危险的。但这是研究和探索空间必不可少的部分。1965 年 3 月 18 日，前苏联公民阿·列昂诺夫穿着宇宙服第一个出舱来到开放空间时，用绳子和飞船连接在一起，空间自由漂浮结束时，借助这根绳子才回到飞船，否则他可能成为宇宙的俘虏而回不了飞船。

事实证明，宇航员需要到开放空间去，就像海员必须学会游泳一样。开始，人离开飞船到开放空间是想弄清楚是否可能在舱外作业。人进入开放空间的计划是小心翼翼的，在舱外停留时间也是缓慢增加的。从1965年列昂诺夫第一次来到开放空间起，直到1968年，前苏联宇航员进入开放空间的总计时间不超过8小时，其后在开放空间逗留时间迅速增加。由于在开放空间逗留时间增长以及在工作上积累了经验，宇航员在开放空间可以检查飞船、更换有毛病的设备以及试验各种系统。从1980年开始，宇航员已开始在开放空间进行复杂的装配工作了。例如宇航员列沃尼特·坎什和弗拉基米尔·索洛伏夫曾在开放空间修复"礼炮7"号空间站的推进系统并安装附加的太阳能电池帆板。现在这类帆板的安装已经变成规范化的操作过程了。类似的工作，其他宇航员在"和平"号空间站也进行过。

1984到1986年两次航天飞行期间，前述两位宇航员进入外层空间的时间也增长了8倍，在航天站外工作共达32小时。1984年7月之前，开放空间的工作只有男人承担；在这之后情况改变了，妇女也大胆进入开放空间。斯维特拉诺·萨维茨可娃是第一个进入开放空间的女性宇航员。当时她和另一名宇航员在舱外试验一种新的能切割、锡焊、熔焊金属板囊及镀膜的多用途工具，共工作3小时35分钟。

2007年11月3日，美国宇航员帕拉金斯基完成历时7个多小时的外层空间活动，成功修补了一块太阳能电池板。由于电池板依然带电，而且破损点距离工作舱足有半个足球场远，帕拉金斯基要"走"上近一个小时。

人在开放空间活动对未来航天事业发展有着重要的意义，它为在宇宙空间装配所有各类轨道结构物奠定了基础，为建设空间工厂和开拓人类太空居住地铺平了道路。

"和平"号空间站

"和平"号是前苏联/俄罗斯的第三代空间站，亦为世界上第一个长久性空间站。设计成在轨多模块组装，站上长期有人工作。世界上第一个非长久性空间站是前苏联于1969年1月用弗拉基米尔·沙塔洛夫驾驶的"联盟4"

号飞船同"联盟5"号飞船实行接近和对接建成的。"联盟5"号上的宇航员阿列克谢·叶利谢耶夫和叶夫根尼·赫鲁诺夫穿上宇宙服进入了"联盟4"号。前苏联人把对接后的组合飞船称为"世界上第一个宇宙空间站"。"和平"号空间站的轨道倾角为51.6度，轨道高度300～400千米。自发射后除三次短期无人外，站上一直有航天员生活和工作。

不断增加的航天飞行时间

由于航天飞行时间本身并没有一个终点，更何况人们也不是为了创造太空逗留时间的纪录而增加航天持续时间。一个空间航天站是一个多功能实验室，在那里可以进行广泛的研究、实验和进行长周期的例行观察。因此说，经济因素起很重要的作用。航天飞行时间越长，研究成本也就越低；反之，经常调换航天站乘员，功效就低。此外，没有持续几个月的空间任务，整个航天事业的进步也是不可想象的。

载人航天初期，并没有长时间轨道飞行。航天任务的持续时间是逐步增加的，人类表现出小心翼翼的谨慎态度。当然这需要谈到前苏联的情况，因为只有它多年来连续不断地进行长时间载人航天活动。第一次长时间任务持续18天，然后是23天，其后持续时间增加到63天、96天、140天、175天、185天、211天、237天、326天和一年。执行长期航天任务的宇航员们，他们之前的一次航天时间比本次短。返回地球后，每个宇航员都要接受医学测试，测试结果为大家知晓，目的是让其他宇航员对人体的巨大潜力产生信心。实际上每次航天时间的增长，也意味着人体在空间的一次适应试验。

展望未来，人们清楚地意识到人类期望的星际旅行为期不远了。从技术角度看，没有什么问题是不可解决的；然而关于人体的能力，主要是适应太空的能力还有很多未知数。例如火星离地球平均约9000万千米，在顺利条件下，人到火星去旅行并返回需要两年时间。那么，人能不能在没有重力的情况下生活这样长的时间？因为现在空间飞行生理学和心理学的研究已经指出，在载人空间飞行中，对宇航员构成严重威胁的，与其说是宇宙辐射，不如说是失重。对于未来的长时间载人空间飞行，必须预先研究遗传的演变。在长期失重下飞行，人的机体组织会不会经历不可逆的变化而使他不可能再生活在地球上？为克服这种后果，是否应该用专门产生人工重力的装置，或能对抗宇宙飞行中的失重效应和其他不利因素的装置来装备宇宙飞船？现在逐步增加长期航天的时间，也是为未来的星际旅行铺平道路。

长时间航天会逐步积累经验，能让医学专家们去解决在地球上难以对付的问题，诸如处于长期失重后骨组织中钙的减少、心血管系统的状态及其内在变化和血液成分的变化等。

太空飞行，特别是第一次太空飞行的人，其准备周期是很长的，通常需要数年。这是因为宇航员必须吸收大量信息，必须获得操作宇宙飞船和进行空间实验的技能。这是一种只有用长期飞行采集并传送到地球的大量信息形式作补偿的投资。为获得这种可靠信息，最好用同一人重复试验、检验统计结果。事实证明，这样做是必需的。

自1961年以来，飞向太空的人越来越多（截至2008年，计450多人），太空停留时间也越来越长，航天载人发射更趋频繁。虽然如此，失重仍然是一个巨大的谜，是长期航天的主要威胁，目前仍有许多问题需要解答。为解决这些问题，还需要作出重大的努力和收集有价值的统计材料。

人类首次太空漫步纪实

俄罗斯上天纪实

回首人类的航天征程，人们不能忘记自己的亲密朋友曾经留下的足迹和付出的牺牲，它们就是一批为人安全进入太空"打前站"的太空"狗侠"们，是它们首先被选作试验品踏上了生死未卜的太空之路。在实现出舱活动的过程中，科学家依然设想将一只穿着宇航服的狗放到可减压的"东方"号船舱里，然后把这只狗暴露在真空中。这样，在人类尝试进行出舱活动之前，可以从动物出舱活动中获得有价值的经验以及适宜的材料和系统。这相当于狗又先于人类成为出舱活动的"宇航员"。

后来，虽然把狗设想为出舱活动的宇航员的任务被取消了，但是"东方"

号进行出舱活动的想法却一直被保留着。就在决定宇航员如何走出增压舱并安全返回时，问题出现了。"东方"号为了保温而把整个航天器都封闭了，因此如何设置出舱口和增压系统成为设计上的主要难点。"东方"号上的逃逸系统是由弹射坐椅构成的，它的舱门不是靠铰链转动的，而是在弹射系统启动时被掀走。为了更好地实现出舱计划，不得不对"东方"号进行必要的改造。改造后的航天器被称为"上升"号。而美国将在1965年2月发射的"双子星座4"号航天器上让宇航员打开舱门，从座位上站起来，这一消息激起了前苏联航天研究人员的斗志和决心，他们要赶在美国前面实现出舱活动。于是在克里姆林宫的压力下，1964年4月13日，政府决议批准了改造后的航天器也就是"上升"号的出舱活动计划定在1964年11月，比美国要早3个月。

就像对克里姆林宫许诺的一样，前苏联航天专家科罗廖夫最初计划在11月完成"上升"号的飞行任务，作为向"十月革命"纪念日的献礼。但在1964年10月，在"上升"号执行第一次任务期间，前苏联发生了政治变革，赫鲁晓夫政府被推翻。最后期限的压力没有了，"上升2"号和出舱活动试验改在了1965年上半年，但还是会在美国"双子星座"号进行出舱活动之前。前苏联仍然不放弃进行首次太空行走的决心！

事实上，太空行走是一项高科技工程，为了保证宇航员能安全顺利地完成太空行走，必须给宇航员提供一整套安全可靠的出舱活动系统。该安全可靠系统包括硬件和软件两大分系统，硬件分系统由舱外宇航服、气闸舱、背包式生命保障系统等组成。软件分系统由宇航员出舱活动的组织与程序、气闸舱和服装内压力变化、预吸氧要求等系统组成。

前苏联的"上升"号载人飞船是以"东方"号飞船为基础改造而成的，其形状和尺寸大体上与"东方"号相似，长约5米，直径2.4米，重约5.5吨，舱内自由空间1.6立方米。和"东方"号载人飞船比，其主要变化有：

（1）为了能容纳三名宇航员，去掉了弹射坐椅，换上了三个带有减震器的坐椅，但即使这样三个人穿宇航服也挤不进去，为此把宇航服改成了普通的飞行服。

（2）去掉弹射坐椅后，着陆方式改为座舱整体着陆，主伞由两具面积为574平方米的伞组成。座舱增加了着陆缓冲器，当飞船距地面1米时，由触杆式触地开关控制缓冲火箭点火，实现软着陆。

（3）为了实现出舱活动，增加了一个可伸缩气闸舱。气闸舱收缩后高度为 0.7 米，伸长后高度为 2.5 米，内径为一米。内有两个闸门，一个和飞船相连，一个与外界相通，出舱活动完成后，将它抛掉。

（4）将生命保障系统的 10 天储备减为 3 天。

"上升"号一共只发射了两艘。

实际上，要实现太空行走远不止改造航天器那么简单。对于一名宇航员来说，离开飞船或地面遥控监测器的监控，而单独进行出舱活动，存在诸多的安全问题。

太空的高真空、高洁净、强辐射等环境对人体来说是致命的，人一旦暴露在太空中将面临失压、缺氧、低温和辐射损伤这四大危险。所以，人要离开航天器进入开放的太空，必须使用复杂的出舱活动系统硬件，它包括气闸舱、装有便携式生命保障系统的舱外宇航服和载人机动装置，其中任何一个出现故障都会有危险。

所以说，舱外宇航服是太空行走时的生命保障系统。它的外壳能防止宇宙射线、微流星体和太空垃圾的伤害。为了防止真空伤害，它有充气密封层，维持人体所需要的气压。当然，它不可能达到地面上和密封座舱中那样的气压，因为那样将对密封提出更高的要求，并增加重量。由于舱外活动宇航服中的气压较低，穿着它进行太空行走以前，要吸纯氧把溶解在身体中的氮排出来，以免气压降低后氮气释放出来，堵塞血管、形成气胸、危害生命（这便是俗称中的"减压病"）。

此外，舱外活动宇航服背部还有生命背包，它能隔热保暖，维持身体所需要的温度，防止高低温伤害。它还有供氧、供水和可进食的能力，控制二氧化碳浓度和处理大小便以及各种有害气体的能力，保持一定温度的能力等。为了便于行走和作业操作，它的关节部位可以灵活地弯曲和转动。

前苏联为了顺利完成第一次出舱活动，决定建造一个名为"伏尔加"的气闸舱系统，以便使得宇航员能在不给主机舱减压的情况下，离开航天器进行出舱活动。从整体上看，"伏尔加"气闸舱是由坚硬的环状部件构成的，里面是一个向内打开的舱门。气闸舱的外壳主要由 40 个沿结构长度方向排列的软质橡胶制成的可充气圆柱体构成，内部是一个气囊，外表面是一个软质拉伸度很高的纤维。在气闸舱的底部是一个装配环，将气闸舱固定在航天器进出口上，开口向内。装配环内是展开装置，由 4 只球形罐体构成气压操作系统、控制板、备份系统及胶带。整个装置被叠放在一起，紧贴在准备发射的航天器的侧壁上，上面有特制的覆盖装置。在脱离顶级火箭、进入轨道后不久，宇航员才能完全展开气闸舱。

此外，为了方便宇航员在失重环境中行动，气闸舱需要安装各种扶手和脚限制器。一般的扶手安装在电子仪器和环控生保系统的操纵仪表板附近。特制的铝合金扶手安装在气闸舱舱门的两边，这种扶手被漆成黄色，呈椭圆形。在气闸舱的地板上安装有脚限制器。这种脚限制器可以旋转，每次旋转90 度，最大可旋转 360 度，由脚限制器上的弹簧插销定位。在气闸舱内装有4 盏泛光灯供照明用，宇航员可通过舱内的开关进行调控。气闸舱内可以存放两套出舱活动宇航服。在气闸舱的舱壁上安装有专供存放宇航服的设备。此外，气闸舱内还有维修保养宇航服和为两名太空行走宇航员服务的各种必要设备。宇航服存放设备不仅可以将宇航服固定在一定的位置，而且还能协助宇航员穿脱和测试宇航服。

经过多年的准备和实验，前苏联终于带给全世界激动人心的一刻：1965年 3 月 18 日，宇航员阿里克谢·列昂诺夫与另一位宇航员别利亚耶夫在执行"上升 2"号飞船飞行任务时，阿列克谢·列昂诺夫在距地球 50 万米的太空打开飞船舱门，只身进入茫茫宇宙。这是人类历史上的首次太空行走。

列昂诺夫虽然成功地进行了世界上第一次太空行走，但确实是冒着生命危险换来的。因为当时飞船刚一起飞就遇到了麻烦，本来预定进入距地球 30万米轨道，而实际高度却达到了 50 万米。出舱后不久，列昂诺夫离开航天器7 米远，在脐带的另一端边扭边转。这时，他的宇航服鼓了起来，限制了他的行动，他感到弯曲胳膊和腿都很困难，以致无法按动绑在他腿部的相机快门。为了防止宇航服膨胀变形，列昂诺夫特意在上面系上了许多带子。12 分钟后，列昂诺夫准备结束出舱活动返回座舱。这时，汗水流进了他的双眼。他的宇航服膨胀得很大，以致他无法进入舱门。按飞行规则，宇航员在采取自救措施前必须向地面指挥部请示报告。列昂诺夫知道，要让宇航服体积变小，就必须调低生命保障系统的气压，地面指挥部在同意这一建议前肯定要详细研究他此时的心电图和各项生命指标。虽然氧气还可持续 30 分钟，但是照明系统只能再工作 5 分钟。在黑暗状态下返回飞船将更加艰难。他认为他一直都在呼吸纯氧，不会得减压病。于是，列昂诺夫果断地调低了生命保障系统的气压。但是当他将头伸进气闸舱时又发生另一个问题，因为按规定程序，他应该先进脚后进头，然而列昂诺夫是头朝前进入飞船的，他这样做是为了确保手中的摄像机万无一失，但他不能在圆筒形的气闸舱中将身体转过来以关闭身后的舱门。他反复弯曲自己的身体，想将身体转过来，但都无济于事。该舱断面直径只有 120 厘米，而膨胀的宇航服直径达到 190 厘米。列昂诺夫拼命旋转着身体，此时他的心律达到每分钟 190 次，体内温度也急剧升高。因此，后来不得不冒着患减压病的风险，再次调低宇航服内的压力。最后终于转过身来，将气闸舱的舱门关闭上，对气闸舱重新加压，并回到飞船座舱中。

虽说从发现宇航服膨胀到关闭舱门前后不过 210 秒，列昂诺夫所承受的心理和生理压力却是难以想象的：他的体重减少了 5.4 千克，每一只靴子里积聚了三升汗水。

开创人类历史的太空行走总算完成了，随后遇到的险情却更加惊心动魄。就在他们准备返航时，氧气压力急剧升高。为了防止发生爆炸，别利亚耶夫和列昂诺夫赶紧降低温度和湿度，但这些办法并未发挥作用。险情持续了整整 7 个小时，因为过于疲劳，两位宇航员甚至一度进入梦乡。突然，类似爆炸的声音将他们惊醒，别利亚耶夫和列昂诺夫都以为最后时刻到来了。可周围的一切并未燃烧，相反氧气压力在慢慢下降，过了一会儿竟完全正常了。原来，当列昂诺夫在太空行走时，飞船一直处于静止状态，其朝向太阳和背对太阳两个侧面的温差达到300℃，飞船因此发生了轻微变形。列昂诺夫返回飞船后，舱门留下了小小的缝隙。发现飞船内的空气向外泄露后，生命保障系统立即做出反应，氧气的压力随之不断升高。睡梦中，宇航员无意间碰到了补充空气的开关，强大的气压启动了排气阀，舱门随之彻底关闭了。惊魂未定，别利亚耶夫和列昂诺夫发现飞船定位系统也出了故障。得到地面指挥部同意后，他们冒险采用手动方式着陆。

在与美国的航天竞赛中，前苏联占得先机，抢先一步将宇航员送上太空并完成了太空出舱，这次出舱为接下来美国的第一次出舱活动提供了借鉴，而当时采用的气闸舱出舱方法也被日后太空出舱活动沿用。

竞争总是伴随着人类社会的发展脚步，国家之间的竞争亦如此。和在其他领域一样，前苏联/俄罗斯和美国从来就没有放缓过竞争的步伐，太空中的最初竞争便从这两个国家开始。也许这两个超级大国都坚定着这样一个信念：谁能有效控制太空，谁就能有效控制地球。

 知识点

人在太空能待多久

医学专家对宇航员进行了大量的身体检查和测试，他们从人体主要的三大生理系统（神经的前庭系统、心血管系统以及肌肉和骨骼系统）在太空产生的各种问题和生理反应中得出结论认为，人在太空连续逗留的时间最好在 90～120 天之间，这样返回地球后，经过一定的恢复时期，还可以再次上天。如果在太空待的时间过长，将造成后遗症，且终生不能恢复正常。

太空中的生物实验

自 1957 年 10 月 4 日，前苏联发射世界上第一颗人造地球卫星以来，人类活动范围从陆地、海洋、大气层扩展到宇宙空间，从此，宇宙空间成为人类的第四疆域。而人类发展空间技术的最终目的则是开发太空资源。而要开发太空资源，首先要在太空进行生命科学和宇宙医学研究，以深入了解太空环境对地球上各种生物的影响。

太空环境最显著的特点是失重。多年来，科学家将多种生物随着航天器带入太空，进行失重生物学的实验研究，并取得了不少成果。

太空失重环境对生物生长的影响

研究表明，太空失重环境对生物生长的影响很多，而主要则分以下几个方面：

（1）有一定的可逆性。

20 世纪 60 年代，在前苏联"宇宙 110"卫星上，前苏联科学家装载了两只小狗，在太空中飞行了 22 个昼夜后，发现它们的水盐代谢，特别是钙的代

谢功能被破坏，肌肉萎缩，血液成分改变，心血管系统功能也受到影响。但是，这些影响并没有危及小狗的生命，当它们回到地面后又进入了正常的发育状态。

植物在太空中受失重的影响，会改变了根向地和茎背地的习性；同时，由于航天器每天绕地球14～16圈，昼夜交替很快，破坏了原有的正常生长的机理。但是，当这些植物返回地面后，却又恢复了原有的生长习性。这些太空生物实验说明，失重环境对生物的影响有可逆性。

（2）太空失重环境影响生物的遗传性。

前苏联科学家1962年8月在"东方3"号、1964年10月在"上升"号宇宙飞船上搭载了紫跖草，发现紫跖草在细胞分裂时染色体的性状遭到破坏。美国科学家则在太空失重的环境中辐射谷盗甲虫，发现它在发育过程中基因突变的频率增加。

1987年8月中国在返回式卫星上搭载种子，返回后经地面种植，也发现了种子诱变的情况，产量增加。例如，江西宜丰县播种卫星搭载过的水稻种子，经6年培育，水稻穗多、颗粒大，亩产达600千克，最高达750千克，蛋白质的含量增加8%～20%，生长期平均缩短10天。在黑龙江播种卫星搭载过的青椒种子，经几年优选，也达到高产、优质，单果从90克提高到160克，有的达到300～400克，亩产4000～5000千克，是对照组产量的两倍，维生素含量提高20%。卫星搭载的西红柿种子，当代的发芽率比地面的种子低，而栽种后的长势比地面的强，到第二代就全面优化，经过5年的种植其平均产量提高20%以上。

（3）太空失重环境使生物生长过程变化很大。

在失重环境下，有一些生物的生长速度变得缓慢。1994年9月8日，日本宇航员把4条青鳟鱼和340颗青鳟鱼卵带到太空。结果是，从地面上带到太空的鱼卵经过4～5天就孵出了鱼苗，而青鳟鱼在太空产下的鱼卵过了13天才开始孵化。看来，在太空孵化养鱼没问题，但在太空中鱼的繁殖却很慢。

而另外一些生物的生长速度却加快。1990年12月，俄罗斯科学家曾把人参组织培养基带到空间站，进行太空培植实验，10天后发现人参在太空的生长量已相当于地面上一个月的生长量。还有，在太空单个蚕蛹孵化成幼蚕的时间比地面短两个月。许多微生物的生长速度要比地面快得多，有的生长速度甚至提高了 400 倍。

（4）失重环境会影响生物机体的形状和功能。

研究表明，地面上的植物，其 80％ 的能量用于茎的生长，而在太空空间站的温室中的植物几乎没有茎，但是叶更加茂盛，果实更加丰硕。1975 年，前苏联科学家在"礼炮"号空间站种植了一批豌豆，发现豌豆的幼芽总是朝着明亮的地方生长，而新生的根和茎却朝着相反的方向生长，苗的生长期很短，不久就枯萎。

1985 年 4 月，美国科学家在"空间实验室 3"号上放置了 12 只出生仅 56 天的幼鼠，经过 7 天飞行后，发现幼鼠的前脚重量减少了 14％，腰骨的重量减少了 7％，前脚抗弯曲的强度也减弱了 28％。

（5）失重与辐射的综合影响。

在失重和太空辐射的共同作用下，植物品种会发生变异，动物机体会发生变化。如家鼠的造血器官和淋巴组织的变化要比仅处于失重状态下的变化更加剧烈，有的家鼠的肺部出现点状出血现象。

（6）失重对生物节律的影响很明显。

1990 年 12 月 2 日，日本宇航员将 6 只 2～3 厘米长的雨蛙带上航天飞机。这种雨蛙背绿腹白，体侧有黑斑，趾的末端有吸盘，趾间有蹼，因而它们在太空失重状态下能平稳行走，跳动自如，既能向前跳，又能向后跳，但很少吃东西。

1991 年 6 月，美国宇航员将 2478 只水母带上航天飞机，研究水母的生活和动物的定向能力。水母在太空很活跃，不停地搏动身体，但行为异常，在水中不停地转圆圈。

1992 年 9 月，美国宇航员将 12 枚已受精的青蛙卵带上航天飞机，结果孵化出 7 只蝌蚪。这些小蝌蚪行为很怪异，在水面上窜来窜去，飞快地转圈游动，不停地摇动尾巴或前后翻滚。

而前苏联宇航员则在"和平"号空间站进行了孵化鹌鹑蛋的试验，鹌鹑孵化出来后，不能抓住铁笼的铁丝，在笼内挤成一团，最后因营养不良而死亡。

（7）失重环境对动物的习性和感觉器官无影响。

前苏联宇航员将两只猴子带到"宇宙 1887"号生物卫星上，在经过 13 个昼夜飞行后对它们进行观察，发现猴子能很好地保持原有的习性和掌握原有的技能，感觉器官也没有受到不可逆的影响。

在"和平"号空间站上收获小麦

1990 年 12 月，俄罗斯科学家在"和平"号空间站试种过一批小麦，但结果并不理想，生长期远远超过地球上的生长期，只生长却没有收获。后来在 1996 年 12 月，俄罗斯和美国科学家合作成功地在"和平"号空间站的暖棚里培育并收获了第一批太空小麦。这块麦田只有 900 平方厘米，收割了 150 多穗，这批墨西哥矮小型杂交小麦从播种到成熟只有 97 天。这证明生物在太空站内是可以生长发育的，为人类未来在星际旅行时解决食品问题走出了可喜的一步。

"太空植物园"试验

要在太空长期居住则必须先要解决食物问题。为此，科学家开展"太空植物园"的试验，准备在太空建造一座农场，种植各种植物，饲养动物。

虽然美国的"生物圈"试验以失败而告终，但美国科学家在佛罗里达州迪斯尼乐园附近建造了一座生态研究中心，研究太空农业开发项目。他们将从月球上带回的土壤制成"月土"，栽培植物，以了解月土中哪些成分可供植物生长。

1984 年，前苏联曾在仿造太空飞行条件的装置内，放入人工土壤。这种人工土壤是两种塑料的混合物，很像沙土，其中含有 15 种养分。在这种人工土壤中栽培植物，植物的生长周期大大缩短，产量明显提高。例如，在普通土壤中，每平方米的面积上 70 天产一千克萝卜；而在人工土壤中，每平方米的面积上 21 天就可产 10 千克萝卜。这一试验基本上解决了太空农场的土壤问题。

"太空动物园"试验

1992 年 9 月，日本科学家曾进行过太空动物饲养试验。他们将果蝇带到太空中，其中有 1/10 在太空死掉了，其余的被带回地面，后代在地面上一样生长发育。将受精的青鳉鱼卵带往太空，鱼卵照常孵化。

为了能在太空养鸡，莫斯科航空学院的学生成功地设计制造了太空孵化器和饲养装置，并已收获了 200 只成年鸡。人们正在进一步为在太空能饲养鸟类、哺乳动物进行试验，以期在太空中营造一个植物茂盛、鸟语花香的新世界。

变异物种能否恢复原状

生物基因进化是不可逆的，变异是因为基因的正常进化速度相对变快。让我们能在相对短期内察觉到它的变化。所以，我们可以把变异的物种当做加速进化的物种。所以，他们的基因是不可逆的。最多可以仿造出与其以前相类似的基因，而不能完全回复。

空间站的日常维护

空间站及其设备需要经常维护修理，这是很自然的道理。但是，这项工作是在轨道上做，还是把分离出来的单元和组件带回地球修理好呢？修理工作及单元和组件的更换，在太空进行确实是更困难些，尽管如此，航天站的设计师们还是规定维护、修理以及设备的置换必须在飞行中进行。若将有故障设备由专门派出的宇宙飞船运回地球，修理后再派船送回太空，费用实在太高，无法接受。

前苏联和美国的载人航天飞行经验表明，在空间，宇航员有能力纠正设备中的各种类型故障。他们会及时采取正确措施，在危急状态下修好有故障系统。这种情况在前苏联的"礼炮"号、"和平"号航天站以及美国的"天空实验室"中都发生过。

例如，弗拉基米尔·廖科夫与万利弗·路敏曾设法将足有三层楼房大小的无线电望远镜天线从"礼炮 6"号航天站分开，但是被卡住了。要做这项工作，必须到开放空间去，由于他们的出色工作，问题最后解决了。又如当"天空实验室"进入地球轨道后，它的热防护层被扯掉，要进行修理。由于美国宇航员训练有素，在地面上曾受过模拟修理训练，因此他们在轨道上成功地执行了修理任务。1984 年，在"礼炮 7"号航天站逗留过 237 天的列沃尼特·坎什和弗拉基米尔·索洛伏夫对推进系统进行过复杂的修理工作。如氧化剂开始泄漏时，传感器不能指示泄漏点。要寻找出泄漏点并进行密封非常困难，必须把故障区划分为小区，从瓶中取氮。为做这些工作，宇航员不得不 5 次进入开放宇宙空间才终于修好。这种工作以前在航天飞船上从未做过，而且只能在轨道上进行。"和平"号航天站"量子 2"号舱的舱口盖紧固部件损坏了，曾多次修理都未修好。1991 年 1 月 7 日～26 日，宇航员阿法纳西耶夫和马勒罗夫不得不再次修理，他们先后三次来到开放空间，用专门工具拆下损坏的舱口盖紧固件，换上了由"联盟 TM"送来的新部件，才算修理好。在开放空间，宇航员停留时间有限，修理操作在高速飞行中进行，再加上穿着宇航服，修理不如地面方便。但总的说来，日常维护应在飞行中做，有的也只能在飞行中做；但也不能绝对排斥例外情况，当有必要检修某些重要部件或设备的唯一零件时，可能需要运输飞船或航天飞机把它运回地球，在工厂修理后重返地球轨道。

控制空间站的环境

对于空间站而言，人的生命保障及安全是最重要的问题。而事实上，高度真空的太空是不具备人类的生存条件的，只好依靠空间站的设计来保证这些条件，这就是空间站的环境控制和生命保障系统，而且要保障的内容是多方面的。

在航天活动中，人处于一种密闭的容器中，与地球环境是完全不同的。环境控制和宇航员的生命保障系统的功能就是建立和维持宇航员的生活和工作所必要的最佳的环境条件。如舱内的温度、湿度、总压力、氧分压及有害气体的控制等，同时供给生命活动所必需的物质如氧气、水、食物及管理等，并能去除生命活动中所产生的废物。

在空间站的环境控制中，首先需要控制的就是舱内温度。当空间站在空间飞行时，已经没有了大气层的遮挡，太阳的辐射热直接传到空间站上，如果不加控制，它的内部温度很快就会升高，这好比把汽车停在太阳光下，车内温度会快速上升一样。

另一方面，空间站内部的仪器设备的工作要产生热量，尤其有一些大功率的管子，发热量很大。还有宇航员在舱内的活动也要散发热量，同时地球的低温红外辐射也会对空间站产生影响。在这几种热源的影响下，若不加控制，空间站舱内的温度升高及降低会有很大的变化。而在人活动的密封舱内，要求温度在20℃左右的范围内变化，空间站内的各种不同的仪器设备也要求工作在一定的温度范围。这些都要靠空间站的温度控制系统来完成。

空间站内的温度控制手段从大的方面可以分为被动式和主动式两种。被动式，就是在空间站的外表面喷涂一种使辐射率和吸收率成一定比例的物质，在内部包覆一层隔热物质，用来减少热量的内外交换，把太阳的辐射热绝大部分再辐射到空间，只允许一部分进入舱内，大部分的空间站都采用这种方法。仅这样做还不够，还要采用极其复杂的主动温度控制系统，把设备的散热、乘员发热以及外部传到空间站各个舱的热量，通过舱内空气的流通和物体的传导，收集到温度调节系统的散热器，它可以主动地收集热量，传送到空间站舱外。而在舱外装有用于散热的辐射器，或者称为辐射制冷器，通过它把多余的热量辐射到空间去。

为了保证系统的工作可靠性，一般都是主动式和被动式的温度控制手段同时采用。此外在配置上也做了充分的考虑，那就是配备备份部件。当活动部件，比如泵损坏时，可以自动地切换到另一个泵上继续工作。正常情况下系统是自动工作的，而一旦该系统的部件都出现了问题时，则采用专门设计的手动控制系统，由宇航员来操作。

而空间站里的湿度也很重要。当空间站湿度过大时，宇航员都会因此降低工作效率，易产生疲劳甚至工作失误。而当湿度太小时，某些设备又不能正常工作，因此必须进行湿度控制。一般空间站上装有冷凝干燥器和湿气收集器，就是在密封舱内有若干个风机，将含有湿气的空气吹往热交换器，它的内部装有湿气收集器，在收集器内装有特殊的吸水材料，湿气被材料吸收后送到水收集器，可以用来控制湿度。

宇航员的健康
YUHANGYUAN DE JIANKANG

2008年4月19日，韩国首位女宇航员李素妍在乘坐俄罗斯"联盟TM"飞船着陆时遭遇惊魂一幕：飞船返回舱进入地球大气层的方式不当，朝地面飞行时，处于前端的不是隔热罩，而是舱门，结果舱门严重损坏。错误的减速姿态导致李素妍在两分钟的时间里承受了相当于地球重力8倍的加速度。返回舱的剧烈震动使她受到由胸至背的物理冲击，脊椎伤势严重，需长期住院治疗。

太空中的环境其实非常恶劣，宇航员在生理和心理上面临着各种各样严峻的挑战。高速翱翔、自由飘浮、与世隔绝的宁静、飞往深空……这些看似浪漫的字眼其实都隐含着杀机。在太空中，没有了地球引力和地球磁场的保护，潜在的危险如影随形。虽然宇航员堪称人中龙凤，有着万里挑一的身体素质和心理素质，但并不一定能够应对太空中复杂恶劣的环境。用各种手段保证宇航员的健康，提高他们应对太空恶劣环境的能力，就显得格外重要了。

太空多发病

现在已可用遥测手段对在太空飞行的宇航员进行健康和医疗监测，虽然是一种有效的方法，但不能解决全部健康监测和医疗问题。1964 年 10 月，前苏联医生鲍里斯·叶戈罗夫在"上升 1"号飞船的 24 小时太空飞行中，对太空健康监督和医疗问题进行了考察。

为了研究太空飞行环境对宇航员的生理和心理的复杂影响过程，需要有经验的医护人员亲自去太空考察。

航天运动病

航天运动病又叫太空适应综合征，是人进入太空后头几天经常出现的病症，症状与在地面上晕车、晕船、晕机等运动病差不多。症状有头晕、目眩、脸色苍白、出冷汗、腹部不适、恶心、呕吐，有的还出现唾液增多、嗳气、嗜睡、头痛和其他神经系统症状。

最早出现航天运动病症的，是 1961 年 9 月前苏联第二名上天飞行的宇航员格·季托夫。他在绕地球飞行第二圈时开始头晕、恶心和腹部不适。在做头部运动时，这些症状加重，在睡眠后症状减轻，返回地面后症状消失。

航天运动病的成因很多，但据科学家分析认为，主要原因可能是在失重环境中，前庭器官功能紊乱造成的。可见，这里又是失重在弄人。前庭器官是协调运动、维持人体平衡的内耳神经系统。在地面上，两岁以下前庭器官发育尚不健全的儿童和丧失前庭器官功能的聋哑人，一般不会晕车、晕船和晕机，这可能是佐证之一。

航天运动病虽不是严重病症，而且经几天适应和返回地球后，症状会自行消失，但是，航天运动病会降低宇航员的工作能力和工作效率。由于发病率高，从而会严重影响航天任务的完成。这就使它成为一个严重的航天医学问题。因此，各航天大国都很重视对航天运动病的研究。

骨质脱钙

在失重的影响下，尿中钙、磷、镁等无机盐的排量增加。一般每月的失钙量为人体总重的 0.3% ~ 0.5% 。骨质大量脱钙后会变得疏松，轻微活动和用力就会造成骨折，特别是脊柱和长骨的骨折。在太空进行体育锻炼是与脱钙作斗争的主要办法。其次是进食多钙的食品。服用钙磷酸盐类药物也有一定效果。

辐射病

在太空飞行时，宇航员要受到飞船上携带的核动力、核电池等辐射源的辐射，也可能受到宇宙射线和地球辐射带高能粒子的辐射，在发生太阳耀斑时危险性更大。在太空飞行 75 天的两名前苏联宇航员受到的辐射量达 7 雷姆。其他如"联盟 35"号飞船和美国的"双子星座"号和"阿波罗 14"号飞船上的宇航员也受到相当大剂量的辐射。加强辐射防护是防止辐射病的主要办法，服用抗辐射药物（常与维生素合服）也有一定防护作用。

疲劳症

宇航员长期经受失重、超重、噪声、高低温、特殊照明、狭小环境等影响，感觉功能、运动功能、脑中枢功能等会降低，出现疲劳症状，影响工作效率。除了加强体育锻炼，调节作息时间外，服用一些抗疲劳的药物也有一定作用。

此外，长期远离人群的太空飞行，会使人产生心理应激等。

航天员的心理障碍

随着载人航天事业的不断发展，人在太空中停留的时间越来越长。人类已吹响了向火星和其他星球进军的号角，这便意味着人至少要在太空中停留两年以上。

飞行任务的复杂化，乘员的不断增加，也会导致空间站乘员人际关系和心理状态越来越复杂，而处理起来也越来越困难，从而造成宇航员的心理障碍，影响宇航员的工作和健康。因此，航天医学家们认为影响长期载人航天的三大要素是失重、辐射和心理。

那么，究竟什么是宇航员的心理障碍呢？由于宇航员在太空飞行时长期处在与世隔绝的太空中，密闭狭小的座舱、静寂无声的太空环境、规定好的交际方式、与地面有限的联系及失重所造成的不适感，使宇航员产生了一种被遗弃的感觉，他们出现了一系列的心理问题如忧虑、厌倦、抑郁、思念亲人、人际关系紧张等。这些心理反应如不克服，将会影响到宇航员的健康和工作。

从载人飞行以来，最长的飞行时间是一年，在飞行中美国和前苏联/俄罗斯都采用了多种措施来防止宇航员心理障碍的发生，使心理问题没有严重地影响到航天任务的完成，但飞行中宇航员仍出现心理障碍，主要表现在思乡病、恐惧症和人际关系等方面。心理障碍对宇航员的健康和工作效率也有影响，尤其在长期航天中的影响更大。

据有关人员说，不管事先心理准备如何，经过何种选拔和训练，飞行30天后乘员之间仍可能产生敌意。一名前苏联宇航员在谈体会时说："太空的共同飞行不会是宁静的，我们在飞行中会有意见分歧，甚至对同事极为恼怒。但在失重状态下站立不稳，想打人都很困难，有时即使感到灰心丧气也没办法，只觉得非常疲劳，常不知为哪件事会引起争论。"

美国和前苏联/俄罗斯的飞行经验表明，敌意不限于宇航员之间，宇航员与地面控制人员之间也会发生争吵。宇航员有时故意不接受地面人员的指挥，而想自由飞行；有的需要安静地待一会儿，不喜欢地面人员不断地干扰他们；他们有时掩盖自己的情绪和反应，当爆发时，则将怒气发泄到地面人员身上，以减轻烦恼。这种情绪常有周期性的变化，时好时坏。

事实表明，飞行中的心理障碍常常影响到宇航员的工作情绪甚至飞行任务的完成。例如地面指挥站需要德国宇航员克雷蒂安在"和平"号飞行中进行一系列的生理功能测试。测试实验时，需要安装一些仪器，这名宇航员抱怨实验太复杂，他在飞行报告中说他要花2.5小时来安装这些仪器，复杂的实验使人觉得像实验动物一样，如果"和平"号上的窗户开着，他将把这些装置扔出去。此外，美国"阿波罗9"号的宇航员在飞行中发生过激烈的争论，最后通过协商较好地解决了不同看法，取得一致意见。但是"阿波罗13"号上的宇航员却争论得很激烈，并和地面指挥人员也发生争执，以至宇航员们坚持在飞行中停止一天工作，专门解决他们之间的分歧。宇航员的这种心理障碍直接影响到任务的完成。地面指挥人员为了避免争论扩大，造成不良的后果，曾想让他们提前返回地面。虽然最后他们是按原计划的日期返回，专家们仍认为这是一次由心理障碍造成的"失败的飞行"。

美国的"哥伦比亚"号航天飞机失事后，在国际空间站的三名宇航员不能按时返回。对于航天专家来说，最担心的不是物资的补充，因为俄罗斯的"联盟"号货船已经送上去的物品足够宇航员们在太空再停留一年。他们最担心的是宇航员是否能够承受长期飞行的心理压力。因为这些宇航员在地面进行的是短期飞行的心理训练，而没有进行长期飞行的心理训练。在 2005 年 5 月，美国的航空航天局就进行了宇航员在太空长时间的生活与工作是否和谐的模拟测验，测验的结果表明宇航员在地面有限的空间中长期生活和工作在一起，相互关系容易变得十分紧张，他们很难创造和谐的工作和生活的气氛。而航天心理学家认为如果让三名国际空间站的宇航员在空间站待上一年，最可怕的莫过于心理健康。航天对他们最大的心理压力是对死亡的恐惧，当他们想到与真空的太空相隔只有一层薄薄的舱壁，随时都可能出现流星撞击飞船、氧气爆炸、太阳能帆板失灵等，都会产生恐惧的心理。

因此，人类在征服宇宙的过程中，不仅要解决动力、运输方面的问题，也要解决宇航员社会心理方面的问题。如果人类能利用心理学方面的知识，使空间站中宇航员的人际关系和心理健康都处于最佳状态，人类征服宇宙的能力也将随之推进一步。

航天运动病的防护

宇航员进入太空后，出现的第一个令人不适的、达到临床水平的症状就是航天运动病。它的发生概率很高，在已经服用了飞行前抗运动病药物的情况下，还有不少的宇航员出现运动病症状，如果不服用药物则其发生率还要高。

航天运动病的危害不仅影响宇航员的健康，而且降低宇航员的工作能力和工作积极性，致使航天任务不能按计划完成，尤其对于只有几天的短期飞行任务来说，严重的航天运动病可致使整个飞行任务失败。

由于航天运动病对飞行早期宇航员的健康和工作能力有很大影响，因此航天医学家们对其防护措施的研究很重视。虽然到目前为止，还没有有效的方法可以防止航天运动病的发生，但至少现在采用防护方法对减少运动病发生率和减轻宇航员发病时的不适感还是起一定作用的。航天运动病的主要防护措施包括以下几方面：

前庭功能的选拔

现在认为地面或航天中出现运动病，都与人内耳前庭器官中的耳石和半规管的敏感性过高有关。选拔宇航员时淘汰敏感性过高的人，应该是一种有效的、减少航天运动病发生的好方法。但是，航天医学研究证明，航天运动病与地面运动病产生的原因并不完全相同，采用地面检查前庭功能的方法往往不能预测被检者在航天中是否会发生运动病。因此，有人认为宇航员的前庭功能选拔并无多大意义。但目前美、俄等国为了保险起见，在宇航员医学选拔中仍保留前庭功能选拔项目，认为这些选拔方法至少可以防止那些前庭调节功能过差的人进入太空。此外，在宇航员训练的过程中所进行的前庭功能的进一步选拔，可以了解宇航员前庭功能的可训性，为最后上天宇航员的选拔做准备。一些实验结果表明，改进前庭功能的选拔方法有可能提高航天前庭功能的预测率。

转椅检查

转椅检查主要是利用转椅旋转突然停止时产生的角加速度，刺激半规管内的壶腹嵴，检查半规管的敏感性。检查时，被检者坐在转椅上，头前倾30°，使外半规管处于旋转平面，在转椅从小到大进行等间隔的多种匀速旋转情况下，突然停止，记录旋转后的眼震图，通过旋转速度—眼震反应程度曲线，推算半规管中壶腹嵴顶的敏感阈值。同时，记录被试者旋转后的自主神经症状和旋转感觉。

根据上述两方面评定被检者的半规管敏感性。

耳石功能检查方法

其原理是采用不同方法产生线加速度以刺激耳石器官，诱发前庭反应。

四柱秋千法

被检者坐在四柱秋千内，头前倾30°，身体固定在座椅上。当秋千摆动时，秋千的吊篮底板保持水平，并做往复的直线加速度运动，刺激被检者的耳石器官的毛细胞。秋千摆动的时间一般定为15分钟，试验中如被试者出现明显的自主神经反应即中止试验。记录被检者的耐受时间和自主神经反应，以评定其前庭功能的敏感性。对耳石器官刺激的强度取决于秋千的摆长、摆角和摆动频率。

前庭功能训练

训练的目的是通过逐渐增加前庭器官的刺激量，以提高受训人员的适应水平。前苏联很重视宇航员飞行前的前庭功能训练。训练的方法包括主动和被动两种，前者包括体操、弹跳网、跳板、转轮、滑冰、游泳（每次游800米，形式是游泳—桑拿—游泳—桑拿，反复2～3次）等体育训练，主动训练的目的是为了巩固被动训练。被动训练包括转椅、秋千、离心机上旋转、头低位6°体液倒转技术训练、生物反馈训练、带倒相棱镜步行加头动训练、特技飞行训练和抛物线飞行训练等。一般认为这些训练有一定效果，尤其是抛物线飞行可产生短期的失重，效果较好。生物反馈训练应用到航天中，也取得一定效果。

生物反馈训练

生物反馈方法是通过人的意识来控制自主神经系统的活动，其基本的原理和方法是让被试者注视自己的某项生理指标，例如心率和血压，然后调整自己的情绪或心理状态来改变它，使它升高或降低；通过仪器将改变的结果再反馈给被试者。经过一段时间的练习，可以将生理状态控制在较佳的状态。中国的气功实际上也是一种生物反馈方法。实验证明它在防止失重引起的不良反应，例如运动病症状、立位耐力降低、卧床时出现的主客观反应等都有一定的效果。

太空医疗中的超声诊断技术

空间站的宇航员们距地球上最近医院的垂直距离大约是 250 英里。人类还将派遣宇航员前往火星，那么这个距离就更远了，据估计大约是 3500 万英里。所以，如果有人在火星上生病或受伤怎么办？飞船上的医生会治疗一些病，但他们不是医治百病的专家。何况，在制订治疗方案前，最重要的是对疾病做出准确的诊断。在飞船或其他星球上有仪器可以进行诊断吗？有专业的人员可以操作这些仪器和做出正确的诊断吗？为了保证宇航员飞行中的健康，在今后的长期飞行中必须解决这个问题。

美国宇航局的工程师和飞行外科医生建议，用一台超声诊断仪来解决这个问题。它具备双重功能，既能作为科学研究用，又能作为宇航员身体检查的医疗设备。

超声诊断仪是一种孕妇在怀孕期间，为了保证腹中胎儿健康而需要多次使用的仪器。既然它能诊断出胎儿在母亲腹中的健康状态，也应该可以对宇航员身体检查起作用。这种联想使人们提出了将其应用范围扩大到太空中的计划。于是，美国宇航局提出通过安排地面上的一名专业放射学专家来指导太空中的宇航员使用超声诊断仪的方法，对飞行中的宇航员进行身体检查。

然而要实现这个计划还有很多工作要做。要熟练地操纵一台超声检诊仪并对测试结果做出正确的诊断并不是一件容易的事。在地面上，训练一个人掌握这项技术大约需要 500 小时的时间。

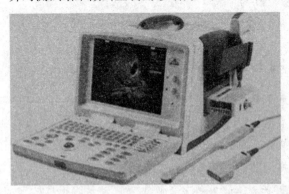

超声波诊断仪

要能够准确地控制超声仪的探头是很困难的。特别是在太空中，器官的大小和它们在体内的位置与在地面时都发生了变化。对于超声诊断技术来说，即使器官出现毫米范围内的变化，要用探头去寻找到准确的位置也很困难。一名放射学家要花费几年的时间才能准确地解释黑白、带阴影的超声图。负责该计划的外科医生和美国宇航局的工程师于是提出了在国际空间站和地面基地之间建立视频通讯，由专家来指导宇航员进行超声诊断仪操作的想法。

实现此计划的方法是在太空和地面架起一个宇航员—内科医生沟通的连续视频连线，这些医生可以给宇航员发出应该在哪里安放超声探头以获得清晰图片的指令。宇航员在太空也可通过看人体结构图来安放探测器。放射学家在看宇航员发回的超声图时就好像在放"家庭录像带的拷贝"。

空间站与地面之间的联系有两秒钟的滞后。宇航员和放射学家在进行联系时使用一个装置，这是一种利用硬驱动使图片暂停的装置。空间站和地面基地进行有效实时通讯的时间只占60%。

宇航员进行这个项目训练的时间只有4~6个小时。其中包括教室和实战训练。尽管这项技术还没有用于太空中对医疗紧急情况的处理，但美国宇航局已经完成了整个过程的检测，并在国际空间站上进行了实验。在国际空间站第9宇航组中，第一次进行了太空超声诊断技术应用的实验。两名宇航员在地面专家的指导下，成功地向地面发回了清晰的肩部肌肉结构图像，证明了只受过最少时间训练的宇航员可以掌握超声诊断仪的操作。第十宇航组继续进行超声实验，并增加了超声探测的部位，对宇航员的腹部、牙齿和骨骼也进行超声扫描。

美国宇航局的这项研究计划有益于保证太空飞行中宇航员的健康，而且拓展了地面的远程诊断治疗技术。例如在发生重大事故时，通过这种方法可以由远处的专家指导事故现场的工作人员对伤员进行诊断治疗。在美国威奇托市的弗朗西斯医院已经开始了这项工作，其在飞往事故发生地的直升机乘务员中训练护理人员。这家医院计划使用一种通信手段与医院中的医务专家建立起联系，使外科医生可以随时指导护理人员。又如，在进行体育比赛时，容易出现运动员受伤的情况，在运动现场配备超声诊断仪和经过短期训练的工作人员，及时对运动员受伤情况作出诊断，对保证运动员健康是十分有利的。

美国底特律的一个曲棍球队的更衣室内就安装了一台超声诊断仪器，经过短期培训和专家的远程指导，球队的一名教练已经可以使用这台设备来拍摄运动员肩部和其他受伤部位的超声图。

超声波

超声波是频率高于 20000 赫兹的声波，它方向性好，穿透能力强，易于获得较集中的声能，在水中传播距离远，可用于测距、测速、清洗、焊接、碎石、杀菌消毒等。在医学、军事、工业、农业上有很多的应用，超声波因其频率下限大约等于人的听觉上限而得名。

宇航员的医疗保障

宇航员的医疗保障对于保障太空安全飞行至关重要，它是生命保障体系的重要措施。可以说，没有健全的医疗保障措施，就不可能进行太空飞行。

宇航员的医疗监督包括训练期间、准备时期、航天飞行中和航天飞行后的几个方面。飞行中的医疗监督远在太空，比其他各种医疗监督要复杂和神秘。

飞行中的医疗监督主要借助飞船和地面站的遥测系统，采用人体生理生化指标、座舱环境参数监测以及电话"问诊"、电视"望诊"的办法进行。为实施有效的监督，在载人飞船和空间站内安置了测定人体新陈代谢机能的自行车功量计，评价心血管调节能力的下身负压装置，观测睡眠的睡眠分析器，以及测定心电图、血压、心音、心震图、脉搏、体温、皮肤电阻图、呼吸图、语音分析能力等生理指标的测量仪和传感器，及时地收集各种医学数据，实时地作出数据处理。对宇航员在太空飞行过程中的功能状态，作出"正常"、"过度"、"危险"的判断，在此基础上作出宇航员作息时间及在空间站留居的久暂的决策。

航天医学的数据处理同一般医学的数据处理方式雷同，可分为数字、模拟和模拟数字处理三种方式。其中，模拟处理方式用于地面实验研究，各种生理数据的获取采用数据处理办法，由数字计算机执行，对人体功能状态的自动判断或预测，采用数理统计的方法评估。对人体健康状态的判断，由自动化监护系统进行跟踪判断。在执行医疗监督时，地面监护人员与宇航员保持密切的通话联系，依据既定的程序，监视从飞船发回到地面的各种生理心理数据，进行综合分析判断，获得宇航员身体健康和工作能力的结论。

1987年2月8日进入"和平"号空间站的宇航员亚历山大·拉韦金，由于身体不适不得不于7月22日提前返回地面。他的同伴罗曼年科也因为感觉疲劳，地面指挥中心不断地缩短他的工作时间，由开始时8.5小时改为每日6.5小时、5.5小时、4.5小时，直到最后停止一切工作，这些诊断和处理办法都是在监督基础上作出的。

为什么要限制头部运动

航天中的头部运动可引起或加剧运动病症状，因此教会宇航员在飞行中有意识地控制头部运动，是防止航天运动病的有效措施之一。前苏联科学家曾研制了一套减少头部运动的装置，它可对颈部施加一定的压力，并限制头部的运动。在航天中使用此装置，效果较好。

飞向太空的白衣天使

太空医院建立之后，将有一批"白衣天使"被派往太空轨道上的空间站，在那里正式开业巡诊看病，成为名副其实的"天使"。

为论证"白衣天使"在太空行医的可行性和适应性，美、苏在以往的载人飞行中，曾多次派遣医生到飞船或空间站体验太空宇航员的生活，察看那儿的生活环境。

1964年10月12日，前苏联在"上升"号宇宙飞船发射时，宇航医生鲍里斯·叶戈罗夫随飞船进入了178～408千米的太空轨道，在飞船内逗留了24小时，体验了太空飞行的种种滋味。回到地面，他对人说起这段太空飞行经历时说，在太空飞行，目前还存在一系列同失重因素影响下人体内变化有联系的现象，这些现象很难或者根本不可能借助遥测系统测定。失重对人体内心血管系统的活动、水盐平衡状态、生物活性物质比例都有损害，在总体上影响人的整体机能。失重对人体的不良影响不能达到完全适应，只是人体代偿机制在同失重作斗争中极力使机体保持在某种稳定的水平之上。

为了研究这些复杂的生理和心理过程，战胜太空这种特殊环境，需要有经验的医护人员亲自去空间站进行实地考察。1984年2月8日，前苏联在向太空运行的"礼炮7"号空间站发射"联盟T10"号飞船时，又将一位名叫阿季科夫的医学副博士送入了太空轨道，他是一个心脏病超声波诊断法的研究人员，曾专门从事心脏病诊断和治疗。他太空之行的根本目的，是要考察人体在轨道飞行时所有阶段的"行为"，其中包括心脏血液循环系统在失重作用下的状态及水盐代谢等人体功能。

1988年8月29日，前苏联发射"联盟TM6"号飞船把一位名叫瓦列里·波利亚科夫的医学博士送入了"和平"号空间站，他46岁，曾多次参加"联盟"号宇宙飞船和"礼炮"号空间站载人飞行的医疗保障工作，对宇航医疗保障、宇宙病的治疗有较丰富的经验。太空飞行期间，在宇航员利亚霍夫和穆罕默德（阿富汗宇航员）的积极配合下，他完成了多项医学试验的考察和试验工作。这些工作包括人在太空工作能力的综合考察，人的生理和心理上的反应，人机体分析系统的状态等。

美国在其航天飞机飞行中亦多次派医生同宇航员一起随船考察。1984年11月8日，美国"发现"号航天飞机飞行时，4名宇航员中有一位女性——35岁的内科医生安娜·费希尔。1977年，当她在加利福尼亚一家医院实习时，她的一位朋友给她看了美国宇航局招聘宇航员的广告。她认为这是一次机遇，从此走上宇航的旅途。1984年11月，安娜被正式批准参加"发现"号飞行，其主要任务是施放现两颗卫星，并收回两颗卫星，对宇航员进行医学考察。

宇航员的常备药

宇航员在太空飞行时，除特殊目的外，一般不会有专门医生同行。宇航员在太空发生疾病，靠飞船携带的宇航员用药进行治疗。

太空用药大致有两类：①常见病用药，如治疗外伤用的紫药水，消毒压缩绷布，抗菌药膏，镇静、镇痛用的注射针剂，止泻、治胃肠炎药片，防感冒和降压用药及消炎用的抗生素等。②特殊用药。

其中，特殊用药有：

（1）抗太空运动病药物

太空运动病是太空活动中一种常见的病，跟地球上的"晕船"、"晕车"相似。据资料表明，美国和前苏联宇航员曾有 1/4～1/3 的人患这种病。由此可见，太空运动病发病率高，波及范围大。服用抗太空运动病药对抑制和减轻运动病症状具有一定的效果。这类药物有抗胆碱类和抗组织胺药物。早期航天，美国宇航员曾服用吗嗪和替根等抗组织胺药物，后来又研究了东莨菪碱和苯异丙胺药物。但单独服用不如复方效果好。而服用的方法，除口服外还有带药膏的橡皮膏，可紧贴在头部皮肤处，通过皮肤吸收达到治疗效果。

宇航员备有带药膏的橡皮膏

（2）抗辐射药

宇航员在太空飞行，有来自两个方面的空间辐射危险：①空间粒子辐射，包括太阳耀斑、地球辐射带粒子等。在发生太阳耀斑时，宇航员可能接受的辐射剂量，上身皮肤为 350～800 雷姆。②人工辐射源，如飞船上携带的核动力、核电池等。据测定，美、苏宇航员接收的辐射量多数虽未超过允许的标准，但"双子星座"、"阿波罗 14"、"联盟 35"等少数飞船上的宇航员，在太空中接受了相当大的辐射量，其中经过 175 天太空飞行的两名前苏联宇航员受到的辐射量达 7 雷姆。因此采取药物预防是保护宇航员身体健康的措施之一。这类常用药物有磺胺 B 硫茎 2 胺，氨 2 基异硫脲，这些药物对高能原子有一定的防护作用，服用时可与维生素一起合用。

（3）抗脱钙药物

在失重条件的影响下，尿中钙、磷、镁等无机盐的排量增加，一般每月

空间粒子辐射中的耀斑

丧失量为人体总量的 0.3% ~ 0.5%，相当于卧床试验者脱钙量的三倍，其中承受重量的人体骨骼骨质的丧失比这一比例还大。大量脱钙的后果，除了有患肾结石的危险外，返回地球后可能由于严重的骨质疏松症，轻微用力和活动就会造成骨折，特别是脊柱或长骨的骨折。为防止脱钙，除进行适当的"体疗"、"食疗"外，"药疗"亦是一个重要的防范措施，这些药物有钙磷酸盐制剂等。服用这类药物的宇航员，骨质钙的丧失明显低于未服用药物的宇航员。

（4）调节睡眠的药物

长期太空飞行，宇航员会出现情绪激动、幻想、错觉、多梦等异常感觉，给睡眠带来严重干扰，影响工作效率和身体健康。因此在飞船上配备一些镇静剂、催眠剂给宇航员服用，以调节睡眠。这些药物要服用后见效快，睡醒后药效能很快消失，不能产生嗜睡、精神萎靡不振的副作用。前苏联"礼炮"号空间站配备有安定剂一类的睡眠药物，美国"阿波罗"飞船配有速可眠、镇静剂一类的睡眠药品和针剂。美国航天飞机上的宇航员，曾因静电干扰影响睡眠，经地面控制中心电告，他们服用指定的睡眠剂和安定剂后，便很快地进入梦乡。

（5）提高工作能力的药物

人在飞船环境下工作，要经受失重、超重、噪声、高温、低温和特殊照明、狭小环境等特殊环境的考验，人的感觉功能、运动功能、脑中枢功能会因这种环境产生疲劳，给工作带来影响。尤其是长期航天飞行，这种疲劳会出现周期性循环，服用一些提高工作能力的药能消除疲劳。这类药物有苯丙胺类的强效兴奋剂，也有人参、刺五加、红晕天一类非特异性的药物。前者有积蓄作用，易成瘾，降低食欲；后者刺激性小，作用时间久。它们各有利弊，但对提高工作效率、稳定工作情绪都有一定的促进作用。因此，宇航员在太空飞行中即使是无病也要适当服用一些药物来促进工作，增强活动能量，否则，一旦疲劳袭击，工作就会走神，带来不良后果。

宇航员的应急救生

在设计空间站时，保证宇航员的安全是人们最重视的问题，因此采取了许多提高可靠性的措施。尽管如此，还是不能绝对避免出现问题。由于科技水平的限制，或者我们对事物认识的不足，以及材料的性能、质量和加工等问题，因此难以彻底避免造成灾难性后果。这样就提出了宇航员的救生问题。

宇航员的救生是个大问题。从以往美、俄发射的载人飞行器来看，宇航员的救生问题都被放到了重要的位置，而且这种救生的思想和措施贯穿在飞行器工作的全过程，也就是从发射到飞行直至返回以及着陆后。在飞行器发射时，有专门为宇航员安全而配置的逃逸救生系统，在发射段的各个时间出现故障，都可以使逃逸救生系统启动，把宇航员送到安全区。

空间站的舱内配备专门的救生设备。这与乘飞机有点类似，如果你坐过飞机的话，就会知道飞机上也有逃逸救生设备，就在你的座椅底下或者头顶上方。一上飞机，空姐就会讲解如何使用它们。而空间站的逃逸救生系统比飞机上的要复杂得多，我们不难想象，如果真的出现故障，宇航员要考虑救生的问题，从应急出口逃离空间站，可以在空中等待别的飞行器的救援。

另一种方法是，由于空间站有多个对接口，像"和平"号空间站有6个对接口，而国际空间站有20个对接口，这样始终有一个可以返回的飞行器，如"联盟"号飞船或航天飞机与空间站对接后一起飞行。作为值班飞行器，一旦空间站出现大的故障危及宇航员的安全，宇航员可以马上进入这个值班飞行器，或者转移到安全地带，或者直接返回地面。

应急救生食品一览

尽管食品很少成为人生存下去的最重要因素，它在保证人体能量需求方面仍然起着重要的作用。在良好的条件下，人不进食而生存下去的时间可达30昼夜。在规定宇航员应急膳食时，一般取一昼夜的消耗量（10000～12500千焦）。内容有精炼食品、肉罐头、压缩饼干、食糖、巧克力及食盐，全系气密包装，可供一日三餐食用。

宇航员的救生装备

宇航员的应急救生装备包括漂浮装置、海上救生服（抗浸服）、配套服装、通讯及信号装置、营具。下面简单介绍下它们各自的功用：

应急救生漂浮装置

漂浮装置的用途是在水上支撑人体，使之能按要求的方式游去。

统计数据表明，对落水者来说，最致命之处莫过于冷却。水的导热率为空气导热率的25倍。直接接触水时，人体散发的热量迅速地传给环境介质。在10℃的水中穿着湿工作服的人，其保持工作能力的时间为一小时。若水温为4℃，则安全时间为10～20分钟；而水温在0℃上下时，则几分钟后人就可能丧失意识。各国的研究人员依据实验数据认为，主动运动可在一定时间内补偿机体热耗损。但应想到，这会把人弄得筋疲力尽。

人在水中的姿态（人体以垂直、水平或倾斜状态漂浮）也很重要。体位垂直时，身体下部比上部承受更大水压，致血液循环恶化，导致机体更快地过冷。令人体处于水平状态则会使装置结构更为复杂。现有漂浮装置均系使人体保持倾斜姿态——倾角约45°。

充气式浮漂（腋下救生器）：整套装置由两个浮漂、固定带及吊救绳索组成。

浮漂不工作时置封包内，占体积较小。应急使用时牵拉封包绳，封包一打开，浮漂即可充气。可用二氧化碳气瓶自动充气，也可用嘴

充气式救生船

吹气，带单向活门（吹气嘴）的橡胶吹气管即为此而设。

气瓶牵拉起动（充气）拉绳时，顶杆压在撞针杆上，撞针刺穿封口薄膜，为气体打开通向浮漂内部的通路。瓶内装二氧化碳约28克，浮漂充满时间为20～30秒。

浮漂通常用用橘红色双面涂胶布制造。两个浮漂提供的正浮力约24千克。其工作压力为10千帕（0.1千克力/平方厘米）。系统总重量为1.5千克。

充气式救生船：用于溅落时拯救宇航员，以涂胶绸料制成，充以二氧化碳或空气。气瓶放在船体上的专用袋子里，其容积为0.4升。为了便于容纳落水者及增加稳定性，船尾直径较船头大，同时也宽敞一些。

左舷备有手风箱，必要时可用它补气。风箱借橡胶管装在船体上，不能取下来。为了使救生船稳定，船尾下面粘有压舱水袋。船体外廓为1890毫米×960毫米×255毫米，质量3.5千克，载重100千克。船体充满时间为3分钟。工作压力不大于15.5千帕（0.15千克力/平方厘米）。

海上救生服

海上救生服用于拯救遭遇事故而被迫离机漂浮的乘员。

海上救生服应保证在海浪（4～6级）中能保持方便而稳定的仰卧体姿，同时头部略微露出海面。其正浮力不低于25～35千克。

救生服衣料在海水及±50℃范围内变温的作用下能保持稳定性。救生服通常在腕部及颈部密封。由于密封不严而进入衣内的水量不得超过0.8～1.2升。

而衣内只要存在不大的余压即可提高其热防护性能。用吹气嘴周期性地补气可使余压值达1～1.5千帕（100～150毫米水柱）。

漂浮者身上衣服的表面温度很快就与环

海上救生服

境温度拉平。故水温为 0℃，皮温为 32℃ 的情况下，温差将为 32℃。

前苏联宇航员采用的海上救生服，其基本组成部分为：防水衣体（连身式工作服）、软帽、密封手套、漂浮气领、毛皮袜。

防水衣体由双层涂胶绸料制成。裤管上连有橡胶鞋，颈部密封借助橡胶帘实现。衣上有穿脱衣襟，借掩襟密封。软帽用 3 毫米厚的海绵橡胶制造。可脱式三指密封手套系涂胶针织品制成。

漂浮气领（枕头及浮漂两个）粘在衣体上。充满时约可提供浮力 300 牛；衣体损坏时浮力不少于 100 牛。衣体入水后，水压将其中空气挤入气领，使之充满空气。必要时可用吹气嘴补气。

海上救生服质量约为 3 千克（防水衣体及信号设备 2.5 千克，三指密封手套 0.4 千克，鞋垫 0.1 千克）。腕套及橡胶帘 12 小时允许进水总量不得超过一升。

苏制海上救生服穿在现有成套装备（衬衣、飞行服、保温服）的外面。装备的热阻约为 0.4 平方米·开/瓦。

事实上，全压服也可当海上救生服使用。全压服衣体是气密而不透水的，全压服上的附件均有防水措施。

配套服装

制造出在 -50 ~ +50℃ 温度范围内能保证人类最起码生存条件的万能服装实际上是不可能的。所以，宇航员是用配套服装装备起来的，其中包括衬衣、飞行服、保温服和帽子、海上救生服、毛皮袜、丝袜和针织手套。

衬衣和飞行服供座舱内温度在 20℃ 上下的正常飞行条件下使用。温度降低时可穿上保温服，保温服平时存放在便携式用品箱里。应急条件下，为防备寒风雨雪的侵袭可将海上救生服罩在飞行服和保温服外边。

而一旦遇到极端的低温，必须利用手边的一切手段御寒（降落伞伞衣、用雪做的掩蔽部、篝火等）。

通讯及信号设备

在通常情况下，通讯设备为无线电台和伸缩天线，用来与营救飞机联系和发出遇难信号。电台由两部分组成——收发报机和电源，二者以电缆相连。

电台以单一的固定频率与飞机上的电台联系。飞机在一千米高度飞行时，覆盖范围不少于 15 千米。整套设备总质量为 3.5 ~ 4 千克。

信号设备包括：光信号镜、哨子、荧光染色剂（用于海水和积雪染色）。

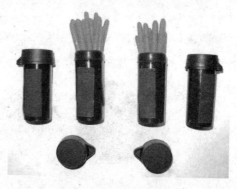

宿营装具中的防风火柴

宿营装具

宇航员的应急宿营装具含固体燃料、防风火柴、罐头起子、防蚊头网、海水淡化剂、太阳能蒸馏器、带套水瓶、渔具、手枪和子弹、灯具、备用药品和钢锯。

应急救生水储备

已经测定，即使在静息状态，每人每昼夜仍须饮水 2 ~ 3 升。航天飞行器落在沙漠或大海时，饮水问题显得尤其重要。为了长期储存，将特殊加工的饮水气密封装在容量为 0.3 ~ 0.5 升的水罐内。这种"饮水罐头"可存放好几个月。

未来太空生活
WEILAI TAIKONG SHENGHUO

太阳系及其以外曾经是少数无畏的探索者——包括人类和自动控制的机械的领地，在今后几年里，那里的探索活动将会多起来。21世纪初太空探索的新路线包括在我们的太阳系内寻找生命迹象以及在太阳系外寻找类似地球的行星。太空探索活动将空前活跃，只消几年之后，由小型无人驾驶航天器组成的"舰队"就会像好奇的游客一样在太空中快速穿行。这些"飞船"将从彗星的彗尾上捕捉尘埃，调查木星卫星"欧罗巴"上的软冰，以及向火星卫星发射太空"子弹"，并把碎片带回地球。在远离地球的地方，放大倍数为"哈勃"望远镜10倍的新型太空望远镜将找出曾经或者仍然可能存在生命的行星。但航天局将不得不满足于仅仅进行观测。对于今天的航天器来说，哪怕只是接近这些遥远的星系，也需要几十乃至几百年的时间，不过这并不能阻挡我们对太空的向往，思想有多远，路就有多远，我们总会揭开那些属于太空的奥秘。

太空垃圾处理妙方

迄今为止，近地空间有1000多个报废的航天器在绕地球"打转"，如何逐渐清除这些太空垃圾一直让专家们感到棘手。为解决这一难题，俄罗斯科研人员正在研制一种核动力"拖船",期望它能在太空中搬运那些报废航天器或将其烧尽。

从事航天科技研发的俄著名企业"能源"火箭航天集团积极着手攻克这一航天科研的前沿课题。

该企业的专家为研制核动力"拖船"绘制了10幅设计图,该"拖船"是一种无人驾驶的长期自动处理设施,配备核动力装置。它携有容量巨大的集装箱和加工处理系统,能将报废的航天器拖拽到不影响"太空交通"的轨道,或将其完全烧尽。

近地空间约有1200个"罢工"的航天器在绕地球飞行,其中约600个这样的航天器在影响俄罗斯的航天活动。除此之外,距地表约3.6万千米的地球同步轨道对于全球通信具有极重要的价值,越来越多的通信卫星已使这条轨道内显得十分拥挤,通信频率资源所剩无几,在这种情况下及时清除该轨道内的报废卫星非常必要。

但事实上,也有专家对以上设想持怀疑态度。俄罗斯科学院工程学研究院相关专家认为,用核动力"拖船"清除太空垃圾耗资巨大,很难行得通;如果用理论上看似可行的激光等热源对报废航天器实施"火攻",则很难将体积大的航天器完全烧尽,所产生的很多微小碎片会成为新的太空垃圾;激光本身会释放出巨大能量,这不仅可能打乱周围环境的热平衡,还可能改变其化学成分,这种后果非常危险。

2009年2月,美国的一颗商用通信卫星与一颗报废的俄罗斯军用通信卫星在西伯利亚北部上空约790千米处相撞,这是人类航天史上首次发生在轨卫星相撞事件。

为了在现有条件下应对太空垃圾问题,一些专家呼吁航天国家建立协调机制,共享太空垃圾监测数据,在卫星制造、发射等方面共同采取旨在减少碎片的防范措施,为卫星报废后预留机动燃料,开发、采用发射后能完整自动飞回地面的各级火箭等新技术。

漫谈太空医院

若要把生病的宇航员送回地面医治,存在两个问题:①可能因丧失时间而危及宇航员的宝贵生命；②把生病的宇航员从太空送回地面，花费是非常昂贵的，一般约需 2 ~ 3 亿美元。有没有"近水救近火"和相对便宜的办法呢？有，那就是建造太空医院。

但是，事情并不那么简单，在地面上很容易处理的疾病，在太空可能变得很复杂，如传染病如何隔离，生病宇航员的工作谁来替代？还有，在太空能对病人进行准确诊断和医疗吗？如地面上常用的透视方法——X 射线会发生什么变化？如何准确诊断？血液检验中能用地面上的生化指标吗？特别是在太空能进行手术吗？这些都需要进行探讨和实验。

太空医院的设想

为探索能否在太空进行手术，前苏联曾在作抛物线飞行的飞机上，进行过失重状况下的外科手术试验。那是对一只兔子进行局部麻醉后作开腹手术，试验初步证明可以在失重环境中进行外科手术。不过，航天器上空间狭小，不容许建大手术室和手术台；同时，人在太空飞行中免疫力降低，手术必须在绝对无菌环境中进行。根据这些特点，研究人员研制了一种在失重环境中进行外科手术的手术舱，这是用透明氟塑料片制成的袖套式抗菌外科手术舱。一般装有 2 ~ 3 对手术手套。根据手术的需要，可随时改动和扩展。内有袖套式止血带和注射器，将需要止血或手术的部位伸进去就可止血和注射麻醉剂。小巧轻便的手术器械用尼龙搭扣贴在舱壁上。手术时，医生将双手插入手术手套中，用手术器械进行手术。

太空医院只能设在大型航天器上，对小型航天器上的宇航员，如果生病，仍然需要送回地面或送至太空医院医治。

另外，营救在太空遇险宇航员的"太空营救车"，也可将生病的宇航员接回地面。将来，随着进入太空的人数的增多，特别是太空旅游业的兴起，也可专门设置"太空救护车"，平时放在太空飞行平台上，也可放在地面上，它们经常处在可飞行状态，一旦接到救护信号，便可前去救护。

太空医院和太空救护车的设立，将可解除宇航员和游客在太空生病的后顾之忧。

目前，处置宇航员太空飞行中出现的各种疾病，采取"天—地"联合门诊的办法，即由地面控制中心采取遥感遥测的方法对宇航员的各种心理和生理参数进行检测，发现小毛病就由宇航医生在地面作出诊断，告知宇航员服用座舱内备用的急救药品，发现大毛病即从太空召回，到地面医疗中心就诊。

这种"远水不能解近渴"的太空医疗的办法，已越来越不适应长期太空载人飞行，难以解决航天医疗难题。

前苏联宇航员拉韦金和罗曼年科一起于 1987 年 2 月 6 日乘"联盟 TM－2"飞船进入"和平"号空间站，原计划在太空生活一年，结果拉韦金患病，不得不提前返回地面。要把患病或受伤的宇航员送回地面，约需 2.5 亿美元。怎样解决这个棘手的问题呢？

研究人员曾考虑设计太空医院，即与"和平"号空间站对接的医学实验室，为在太空长期飞行的宇航员提供医疗服务。设想中的太空医院结构为圆形，分别由以下几部分组成：①连接轨道复合体的气闸舱和卫生舱段；②研究舱段，主要用于对空间站的宇航员进行医学、生物学诊断和处置，该舱段将安装大量的科学仪器，并设计成模块式，以便按照实验计划进行快速置换；③实验外科的手术舱，在这里可进行必要的外科手术和动物实验，舱内将安装桌式实验容器和麻醉仪器，以及其他各种医疗器械；④生物体舱，设置各种实验用的生物体，每个舱由一扇坚固的门分隔，各种遥感和传感器的医疗数据由计算机贮存和处理。医学实验室建成后由一名医生和生物医学家在其中进行研究工作，周期为三个月。美国宇航局也有类似的想法。

太空医院将在以下四个方面为宇航员提供医疗咨询服务：

（1）定期为宇航员检查身体；

（2）医治受伤或患病的宇航员及其他人员；

（3）减轻宇航员因长期处在微重力状态下引起的生理失调；

（4）为宇航员进行体育活动提供服务设施。

此外，还提供一些"急救治疗"。

为了营救在轨道上突然患病的宇航员，美国装备了一台航天救护车。它是由一架航天飞机改装成功的，一旦轨道上传来呼救信号，可立即发射起飞，进行太空营救。它具有在飞行过程中进行救护，然后把病人安全送到地面医疗中心治疗的能力。一批有能力接受训练的医生、护士将在这辆车上工作。这辆车除为宇航员进行太空营救外，还将为遨游太空的旅客提供紧急救护。

太空医院的建立，将给宇航员及其家属带来安全感，消除他们患疾病难以得到治疗的后顾之忧，给他们的身体健康带来切实保证，为人类长期载人航天创造更良好的条件。

非同凡响的空间医院

人类开发太空的目的大致有三项：

（1）到空间去获取资源；

（2）对人类是否能适应太空环境进行考察；

（3）向现代医学挑战。

科学试验表明，宇航员在长期失重条件下不仅能耐受空间真空和高低温环境，而且还能工作。尽管如此，目前仍有一系列航天医学方面的难题，如在失重环境中，血液会大量涌向头部，从而造成血液循环系统和平衡系统功能性紊乱，宇航员在空间出现呕吐昏眩症状的所谓"太空运动病"；除此之外，长期失重还会造成人体骨骼疏松，脱钙与脱磷等无机盐代谢紊乱，使肌肉萎缩等；失重还对人体的免疫力和遗传有影响，而这些生理反常现象，仅凭遥测和宇航员的感受来探索是很难深入研究的，必须依靠医生亲临现场做多方面的体验与考察，才能有效地解决问题。

早在1964年，前苏联就派叶戈罗夫医生随"上升"号宇宙飞船到轨道上，在那里停留了24小时，从事了相关医学课题的研究工作。10年后，又派遣阿季科夫医生乘"联盟"号宇宙飞船到"礼炮7"号空间站上"出诊"。

而随着新世纪太空科技工业的兴起，将来大型空间站、太阳能发电站、空间工厂等的建设，在太空工作的不是几个宇航员，至少会有几十人乃至几百人。因此，在考虑开发太空规划的同时，必不可少地要考虑空间医院的建设，以便解决宇航员的医疗问题，以及利用空间有利环境治疗地球上难以治疗的某些疾病。未来的空间医院将是一个综合性的医疗系统，集研究、治疗、休养于一体。

太空科技工业基地将是一个"与世隔绝"的小型社会，什么样的人都会碰到。人长期生活在这种环境里，或多或少出现各种异常心理、心理社会和心理生理的反应。有害作用使人从厌烦和无精打采，直至发展到不利于身心健康的焦躁不安、睡眠紊乱、疲惫不堪和认知受损，最终导致敌意或抑郁过度，使性格孤僻。据一位宇航员的回忆说：在空间出现控制不住的心理状态，也有周期性变化，有时会情绪紧张和难以入睡，有时却乐意把闲暇或娱乐时间用于工作来打发时间，因为在工作中能感到时间过得快些，这样可消除因感觉时间过得慢而产生的孤独、寂寞、头痛、背痛及其他身体不适感。人们分析，无所事事会导致心理危机，在失重环境下尤为严重。

除此之外，长期在空间生活还会出现一些难以预料的险情。一些人在空间停留时间越长，越想返回地面与家人团聚。一些人因心理因素和个人因素导致事故发生。

有一次，某位宇航员本来分工在空间站内，监测另一名出舱宇航员的生保系统，因被太空美景所吸引，抑制不住想欣赏一下的强烈欲望，于是违犯操作规程，将头伸出舱口，因未将安全带系牢，身体在失重下来回旋转，并逐渐漂离空间站，幸好被出舱的宇航员及时发现，抓住了他的脚，才使他侥幸脱险。

在空间活动的行为表明，在地球上许多看来是无关紧要的小事，而到达没有地方发泄强烈情感的空间环境里，则变得十分重要。若对一些小事处理不当，造成人员的心理障碍，轻则影响工作效率，重则出现事故，后果不堪设想。而建立空间医院后，宇航员出现心理障碍后可到医院找心理医生咨询，有针对性地帮助消除障碍。与此同时也可让宇航员轮流到空间医院定期疗养，通过改变日常生活安排、休息、锻炼及检查治疗，增加娱乐活动，使空间生活变得有情趣，打破长期待在太空令人厌烦、乏味、孤独和沉闷的气氛。与此同时，空间医院还可研究如何去调动人的积极因素，设法使人类通过自身的努力来维护和提高自己对空间环境的适应能力，训练并使他们掌握利用社会心理学知识，处理好人际关系。由此观之，空间医院的建立，将为人类征服宇宙，排除各种干扰立下汗马功劳。

科学家指出，空间医院不仅负责心理治疗，更重要的是研究如何确保宇航员的生命安全，其中包括研究如何采取物理预防措施，如体育运动、电刺激、下身负压、防护服等。还要研究空间用的药物，进行临床治疗与预防。这些药物的功效在于：动员机体自身的代偿适应机制，以提高对极端因素的耐受性，预防感染、辐射损伤等；治疗疾病；消除疲劳和精神紧张。在失重状态下，机体出现体液向上移位，从而出现一系列血液循环变化以及站立耐力降低的现象。空间药理学的任务，是要寻找有效药物使血液重新分布正常化，消除小循环和大脑血液循环系统的瘀血现象，预防心脏活动的紊乱，提高站立耐力等。其中特别重要的是研制预防和治疗心律不齐药、强心剂、影响心肌能量储备药、调节血管张力药等。空间医院建成后，所积累的许多医治太空病的经验与良方，将推广应用到地球上来，使更多的人受益。

有人曾乐观地估计，空间医院还将是地球上病人的圣地。在那里，可以有效地利用无重力、无菌、真空这些特定环境治疗某些疾病。例如医治大面积烧伤病人，在空间医院里，病人不需要着床，可飘浮在空中进行悬浮治疗，这样绝不会生令人烦恼的褥疮，而且在无菌下不会受到感染，有利于伤口的愈合。对于心脏病患者来说，空间医院是疗养的好去处，因为它能促进身体的早日康复。在太空失重条件下，血液重量及黏度均减小，心脏只需花费地面 1/4 的力气就能推动血液循环，这对患有心律不齐和心肌梗死的人来说，心脏负担会大大减轻，促进了心肌的自然恢复。在空间医院里，对治疗呼吸系统疾病也很有利，如治疗肺气肿和哮喘病，都具有地面上无可比拟的优点。对于骨折治疗，无重力环境下，上石膏就更加简便了。而腿脚不灵活、腰痛无力的人可以在太空中自由行走。

空间医院建成后，宇航员可随时到医院就诊，白衣天使亦可到各工地去巡诊，地面上的一些伤病员也可乘坐航天飞机到空间医院去治疗，相信在不远的将来，这些愿望可以成为现实。

 知识点

失重对遗传的影响

失重对细胞分裂和突变没有直接的影响。至于失重对微生物亚细胞结构的影响到目前为止还不清楚。美国产的一种叫底的小鱼的卵，在失重时，孵化速度比通常慢些，在宇宙空间孵出的小鱼没有发现空间定向的破坏。失重时，果蝇雌性配子里不论是高或低的突变品系的隐性致死性突变发生频率比地面对照组有显著增加，同时低突变品系的果蝇精子细胞里的突变比高突变品系的果蝇精子要多。此外，航天中的早期和后期的雌果蝇幼虫的染色体隐

性突变的频率也明显增加。还发现处于幼虫阶段的果蝇，航天后在Ⅱ、Ⅲ、Ⅴ染色体之间易位有明显增加。

从空间建筑业到空间城市

当谈到空间建筑业时，大家也许感到有点不可思议。但事实上，现在国外一些大型科研中心的蓝图上，已经描绘出了永久性空间站、空间制药厂、空间冶炼、空间太阳能电站、空间旅馆、空间医院等的结构外形与施工方案。不久的将来，空间建筑师们就要奔赴太空，开工建设了。

太空工地处于特殊环境，具有许多不同于地面的特点。在广阔无垠的太空中，万籁俱寂，由于是一片茫茫的真空宇宙，尽管空间建筑工人在那里紧张地架设桁架、固定接头，但丝毫也听不到通常的叮当响和砰砰声。此外，失重条件又给建筑师们带来了许多方便，人们有可能建筑任意形状和大小的建筑物，不需要过多地考虑建筑材料的承压力和所配置的设备载荷。但是，空间温度的急剧变化，会使材料和构件变形，也会给建筑业造成严重的困难。所以，寻找石墨一类的膨胀系数低的建筑材料，以满足空间建筑业的需求显得尤为必要。

事实上，空间建筑业是一个新型行业，需要突破许多技术难关，比如空间装配技术就是其中之一。而大型太空建筑结构，离不开横梁和桁架，空间用的桁架体积很大，从几百米到几千米不等，在地面很难制作，也无法运输。只能在地面把横梁卷绕成盘状，装在航天飞机的货舱内，送入太空工地后，由横梁制作机自动地把盘状材料切割成所需的长度，以供架设太空结构用。横梁制作、横梁装配、桁架展开以及成品结构总装，是建造大型太空构件的四个主要步骤，它们都必须在太空进行。通常，首先将第一批运送到太空的组件拼接成立方形的空间建筑的中心体，或者利用折叠式的梁在空间展开，再竖成中心体。在中心体上装配新的装配件——起居室、设备舱、生命保证舱、库房等。然后，空间建筑工人仍到舱外活动，去装配第二个立方体，在第二个立方体基础上增加更多的装配件，扩大空间建筑物。

建筑工人在太空中作业，犹如水中的微粒处于某种悬浮状态，除了产生一些不寻常的感觉外，还会带来许多特殊问题。特别是难以和操作面保持确切的相对位置，并迫使工人在操作时十分谨慎小心，因为稍有大意将扳手或螺栓掉落下去，虽然用不着担心会砸到自己的脚上，但要把它取回来就不那么容易了，它总是在你够不着的地方游荡。所以说，空间建筑工人本身以及所使用的工具、部件等，都必须用绳系住。当然，失重对操作工来说也有有利的一面，如太空建筑工人只要用极小的力气就可以安装好地面上十分笨重的构件，这是长期生活在地面上的人们一时无法想象的。

研究表明，建筑工人在失重情况下开始工作时，首先要做的事就是使自己的身体固定下来，或者从支架上找到一个支撑点，以免从工作地点飘走。为了使建筑工人定位，通常设计一种带有磁铁或凸轮的专用鞋，鞋底的凸轮可以卡在工件的凹槽内，并采用特殊形状的定位专用工具。在通常情况下，它有三种形式：

（1）在螺丝帽的孔内嵌入钢扣簧的弯曲头，建筑工人的手可握住扣簧而定位；

（2）定位设备是固定在带拉杆的螺钉上，拉杆的另一端则系在建筑工人的腰带上；

（3）在螺帽上套着带有手柄的定位撑杆，建筑工人用手握住支撑杆就能定位。

科学家指出，所有这些设备，都会有助于建筑工人在太空失重下的定位。为了适应太空环境，人们在地面建筑中常用的工具不能立即拿到太空中去使用，必须要加以改进与革新。比如说，太空用的锤子与地面的完全不一样，其结构非常简单，但构思却很独特，锤子的敲击部分采用空心的，内部装的是金属球，当敲击时，下面的球往上跑，而上面的球则往下行，通过它们之间的摩擦来消除反冲力。因此，这种锤子与通常的锤子不一样的地方，就是在敲击后不会出现反弹力，有利于操作。太空用的剪刀做得也很巧妙，剪刀与手柄是组装而成的，根据需要可把剪刀卸下，而把平口钳、克丝钳等不同的工具换到手柄上去，还由于采用了双臂传动系统，由此可使建筑工人操作起来十分省劲。而太空钻孔专用机做得更为别致，其形状为圆锥形，有趣的是钻孔钻进的材料越深，钻出的孔就越大，在实际进行操作时无需用力去压它，它会自动地伸进所加工的材料中去。除此之外，还有一种空间用的消旋电气传动装置，其原理是在使转子旋转的同时，定子也在旋转，只是旋转的方向不同，结果是一种方向的旋转抵消了另一方向的旋转，因而也无反作用力产生。并且在这种消旋电气传动装置上装上圆锯、螺丝刀、钳子、冲孔器等，在操作时，手既感觉不到振动，亦感觉不到有后坐力的存在，而且几乎听不到响声。

而一旦进入大型空间站、空间太阳能发电站等建设时期，为了减轻工人的劳动强度，科学家们认为最好的出路是全面实施机械化。一种是使用遥控机械手，它有 7 个自由度，能模仿人的肩、肘、腕、手的动作，可在太空架设桁架。此外，还有另一种是自动遥控架梁机，它带有一个安装控制器的敞开式工作台，与地面建筑工程用的液压传动的特种起重机相类似。身着宇航服的建筑工人被牢靠地固定在平台上，利用遥控机械手可进行 50 米外的空间作业。此外，还有一种经过精心设计的舱式机械，也叫做自由飞行器或轨道机动飞行器，这种飞行器能在太空中自由飞行，为建筑工人任意漫游太空工地、运输物资器材、架设横梁桁架、救护失去工作能力和为处于困境的工作人员提供方便。

而在大规模空间建筑开始之后，需要在空间建立长期性的低轨道载人建筑基地。这种基地应能容纳若干个小型作业组在里面工作、生活 3 个月，基地内配备有自动桁架制造机、架梁机械、各种备件与工具、特种预制件以及供组员生活的保障物资。除此之外，为了把工人和物资及材料等从低轨道转移到高轨道上去，还需要配备载人变轨飞行器，亦称轨道转移飞行器。

在令人神往的空间建筑事业中，将出现装有吊车的大型货舱，可以在导轨上移动，并设有固定的控制指挥中心。到那时，空间机器人将成为空间建筑的主力军，空间建筑工人完全可以像地面现代化工厂那样从事工作，坐在信号灯闪烁的控制台前，远距离操纵各种各样的机械设备与仪表，创造出更加光辉灿烂的人类文明。当空间建筑业兴旺发达时，大兴土木建造空间城市也就指日可待了。

在太空中生儿育女

人类在地面上生儿育女是一件很平常的事情。随着科学的发展，有些人或许会问，倘若人类在太空生儿育女，又会怎样呢？

科学家曾对该问题作出解释，鉴于太空环境不同于地面环境，因此人类在太空生育会面临着许多新问题。

（1）太空失重环境对人体机能影响较大，人在失重环境中，身体没有重量，肌肉负荷减轻，血液的流体静压几乎为零，因此势必会出现头晕、无力、空间骨质脱钙等现象，而其中最严重的是月脱率为全身总钙量的 0.5% 的足骨质连续脱钙。事实上，大量脱钙将会对母体内胎儿骨骼的形成产生不利影响。为防止宇航员脱钙，研究人员采取了许多措施：①适当地增加太空食品中钙的含量，保持体内的钙量的平衡；②进行必需的体育锻炼，在航天器中备有诸如"自行车计功器"、"微型跑道"、"弹性拉力器"等奇特而适合太空锻炼的体育器材，规定每天锻炼的时间不得少于两个小时，以帮助他们有效地对付失重，保持强壮的身体。但是这些方法对胎儿骨骼的形成是否有效，尚待进一步证明。

（2）由于人类生育是"十月怀胎"，而在失重环境下也不能违背这一自然规律。也就是说，人类要能在太空中生儿育女，必须在太空中能生活 10 个月以上。

（3）长期航天飞行，远离故土，宇航员多少会产生抑制不住的孤独感、恐怖感。这便是通常所说的空间飞行的心理障碍，它将会直接影响宇航员的健康。在载人航天过程中，为驱除这种心理障碍，虽然采取了双向电视不时与家人会面、通信、增设文娱设施、播放录像资料片、增添生活乐趣、增加宇航人员、在舱内种植地球植物、模拟生态环境等方法，但不少女宇航员一听到太空长期飞行，就本能地产生恐惧心理，这无疑会对妊娠中的"宇宙婴儿"产生不良影响。

（4）在空间轨道站失重环境下接生和母子饮食问题，也是需要科学家们周密考虑的，因为他们要根据太空特殊的环境，设计出适合于太空接生的一整套卫生设备和手术设施。

科学家们已设计出一种太空手术台，但这种太空手术台是否可用于太空接生尚不明确。目前宇航人员在太空的食物严格按着三个标准制作：①易消化；②要在 37.7℃温度下放置 6 个月而不变质腐烂；③可口，必须引起宇航员的食欲。但这只能保证宇航员的营养，宇航员吃得是否惬意另当别论。那些经过脱水处理的"面目全非"的空间食品，能否使未来的"太空产妇"吃得饱、吃得好，切实保证母子营养，也有待进一步的研究。

事实上，人们早已借助人造卫星和空间站，进行了大量的动物"生儿育女"试验。1973 年，美国"天空试验室"曾把两条海水幼鱼和 50 颗鱼卵、6 只老鼠、720 个果蝇蛹和两只普通蜘蛛送入太空轨道，在持续 59 天的飞行中，观察这些生物对失重环境的反应。尤其是观察授精的鱼卵是否能孵出小鱼。结果令人震惊，鱼卵孵出了幼小的鱼苗，并能在特制的水池中游动，生活正常。1974 年，前苏联发射了"宇宙 - 690"号生物卫星。在飞行期间，特意安排的蚕卵孵化试验证实，在太空失重条件下，由蚕卵孵化成蚕，不仅完全可行，而且比在地球环境中孵化的时间还短。一系列的实验表明，在太空失重环境下，生物进行有性繁殖是可行的，这无疑给人类在太空生育带来可资告慰的信息。

失重对植物生长的影响

在地球上生长的植物的根总是朝着重力作用的方向生长，称正向地性，而茎总是背着重力作用方向生长，称负向地性。这是由于植物内部有感觉重力的器官"平衡石"所致。细胞中的淀粉颗粒（可能还有高尔基氏体）就是一种"平衡石"。当植物种子处于横放位置发芽时，因受重力的影响，平衡石可以累积在根和茎细胞的最下部，刺激生长素从一个细胞输送到另一个细胞。它对茎细胞的作用是使下部细胞扩大较快，使上部细胞扩大较慢，于是茎就逐渐向上弯曲。对根来说，则相反，根的下部细胞扩大较慢，而上部细胞扩大较快，于是根就向下弯曲。当植物处于失重时，平衡石在细胞内处于均匀分布状态。如果在生物卫星中把植物种子的胚芽朝上下左右不同方向放置，则根、茎生长方向很不规则，长出的根长度差别也大（1～20 毫米）。大部分植物在失重时，生长和发育过程加快，可增加产量，有一些作物则发育很慢。

太空机器人的孕育

资料显示，最早的太空机器人可追溯到美国在 1967 年 4 月 17 日发射的"勘测者 3"号。这个不具备人的外形特征的机器人重达 280 千克，它可在地球科学家的指挥下，在月面"识海"地区蹒跚而行，并用铁臂钢手在这亘古荒漠上掘了三个洞穴，开出一条小沟（长 10 多米，深 0.2 米），挖取了若干科学家们感兴趣的月岩和月土进行化验、分析，并把珍贵的资料及时发回了地球。

在随后的日子里，各种形态的机器人开始活跃于太空中：前苏联"月球车"的 8 腿机器人在崎岖不平的月面上纵横几十千米；航天飞机上无脚机器人用它有力的机械手把失效或出故障的卫星抓回机舱进行修理，每次都能挽回几千万甚至几亿美元的损失；"海盗"号上重达 1.1 吨的机器人庞然大物居然能合理安排能量，使只有 3 个月设计寿命的仪器在火星上工作了 4 年多……

但事实上，这些太空机器人只是低等的，随着空间科学的飞速发展，科学家们非常需要有多种传感功能、会作分析判断、能自我检查维修的新型太空机器人。美国的"太空清道夫"、"漫游者"及"海盗 3"号便是其中典型代表。"太空清道夫"的全称是"太空自动处理轨道碎片系统"，它专门用以消除对航天活动危害日益严重的"太空垃圾"。它进入太空后即会自动搜寻猎物——失效的或已被废弃的人造卫星（包括运载火箭）及其碎片残骸，凡其"目力"所及，小的手到擒来，大的则用激光把它们切成小块，再一一装入它的"肚子"——贮存箱内。该机器人有 4 条灵活的机械臂，装有新颖的空气动力推进系统和大功率助推火箭，可独立飞行，也可根据需要随时调整轨道和速度。而"海盗 3"号实质上是用于火星探测的一辆自动车。它的外形很奇特，两个直径 5 米的大车轮各由 8 个乙烯树脂气囊构成，这辆车可自动前进、后退、拐弯，还能越过 1.5 米高的障碍，并装有自动回避危险的装置。

除此之外，由于近年来集成电路精细加工技术不断有重大突破，人们已能把电源、传感器、驱动、传动、自控装置集成于绿豆大小的多晶硅片上，所以微型太空机器人将成为空间探测的又一主力军！20 世纪 90 年代初，美国麻省理工学院人工智能研究所已制成三种很小的机器人。其中，最小的一种其体积只有乒乓球大小，重量不到50克。而精工埃逊公司造出的"姆休"机器人外形则像只小甲虫，前面两根触须似的导线用于供给电源。"姆休"不仅能循光行走，也可自己行动，人们用它来检查管道内部的腐蚀及损伤状况。"姆休"机器人已批量生产，投放市场。因此，不少人预测，微型机器人将在农业、工业、医学、航海、军事、航天等领域中得到极其广泛的应用。

人们在建造月球基地时，必然会先派遣大量"蚂蚁"式的6足机器人去当"建筑工人"，让它们在月球上挖土、推土，做好一切准备工作。在进行火星探测时，又可让成千上万的"蚊子"型微型机器人做开路先锋。由于它们的6条腿中都安装有储存着太阳能的硅弹簧，在其不断更换落地点的同时，从与火星尘土的作用力的分析便可确定火星土壤的特性及该星球的地形、地貌。人类如果登上某个星球，那些"小精灵"又可为人类乘坐的大型车辆开路，它们会把越野车前面的地形特征、地貌状况及时传送过来，以避免出现各种可能的危险。

速度最快的人类太空飞行

美国宇航局"阿波罗10"号任务的机组成员在1969年5月26日重返地球时，他们达到了相对于地球的最高时速——每小时24791英里（约合3.98万千米），这是人类达到的最大太空飞行速度。这次飞行任务是1969年7月20日，即两个月后美国宇航局进行的首次月球登陆任务的一次彩排。"阿波罗10"号的宇航员尤金·赛尔南、约翰·杨和托马斯·斯塔福德乘坐指令舱"查理·布朗"和登月舱"史努比"进入月球轨道。稍后，斯塔福德和赛尔南搭乘"史努比"下降5万英尺（约合1.52万米），降落在月球表面，然后重新返回空中，与指令舱"查理·布朗"对接。

平民的太空之旅

太空旅游是基于人们遨游太空的理想。到太空去旅游，给人提供一种前所未有的体验，最新奇和最为刺激人的是可以观赏太空旖旎的风光，同时还可以感受失重的奇妙。

太空游项目始于 2001 年 4 月 30 日。第一位太空游客为美国商人丹斯尼·蒂托，第二位太空游客为南非富翁马克·沙特尔沃思，第三位太空游客为美国人格雷戈里·奥尔森。专家表示，未来的太空旅游将呈大众化、项目多样化、多家公司竞争、安全法规日益完善四大趋势。

然而应该指出，宇航员要学会操纵航天飞船，而游客要做的，仅仅是听从宇航员命令，不要给担任"导游"的宇航员们制造

第一位太空游客——丹尼斯·蒂托

麻烦，因此他并不需要经过严格而系统的训练。虽然对太空游客的技术要求不高，但有一个条件是必需的，那就是健康的身体。

从广义上来说，常被提及的太空旅游至少有三种途径：接近太空的高空飞行、亚轨道飞行和轨道飞行。

1 万美元体验高空飞行

接近太空的高空飞行并非货真价实的太空旅游，但它能让游客体验身处极高空才有的感觉。当游客飞到距地面 18 千米的高空时，便可看到脚下地球的地形曲线和头顶黑暗的天空，体会到一种无边无际的空旷感。计划用来实施这种旅游的飞机有俄罗斯的"米格－25"和"米格－31"高性能战斗机。这些飞机能飞到 24 千米以上的高度，乘坐它们旅游的每张票价约为 1 万美元。

10 万美元体验亚轨道飞行

亚轨道飞行能产生几分钟的失重，美国私营载人飞船"宇宙飞船1号"和俄罗斯计划研制的"C—XXI"旅游飞船就是从事这种飞行的典型，它们在火箭发动机熄火和再入大气层期间能产生几分钟的失重。这种飞行的价格约为每人每次10 万美元。

飞船在亚轨道中飞行

2000 万美元体验轨道飞行

美国人奥尔森体验的是真正意义上的太空旅游——轨道飞行。实现轨道旅游的工具目前主要是国际空间站，可供游客到达空间站的"客车"主要是俄罗斯"联盟"飞船和美国航天飞机。美"哥伦比亚"号航天飞机失事后，太空旅游机构大多将目光转向了"联盟"系列飞船。乘坐它们旅游的每张票价约为2000 万美元。

除了以上提到的三种相对成形的"太空游"形式，有没有新项目丰富太空之旅呢？设想一下悬浮在距地400 千米高空的度假酒店吧。

真正意义上的太空旅游——轨道飞行

俄航天部门与官方和企业共同设计微型"太空旅馆"的计划。也有美国工程师提出，可用轻型充气材料建一个长期绕地飞行的舱体，其"房费"将比空间站之旅略微便宜。

部分美俄专家还在探索用纳米材料制造"太空电梯"。"电梯"吊索的一端固定在陆地或海面的平台上，另一端紧抓住距地约3.6 万千米、与地球同步飞行的航天器。这种研究的最终目标是让人和货物在太阳能驱动的"电梯"中升降上万千米，而每千克负载的运送成本据估计仅需 10 美元。"太空电梯"的设想如能实现，太空旅游、航天客货运输将迎来全新的发展机遇。

为了保持在太空旅游领域的优势，美国"太空冒险"公司还宣布了"月球旅游"计划。按照这个计划，游客将首先前往国际空间站，在站内停留 1 周之后再乘坐"联盟"飞船前往月球，在离月球 160 千米的轨道上空近距离地欣赏"月景"。

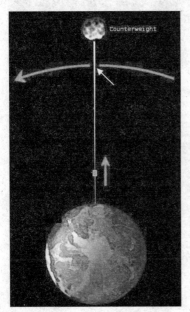

太空电梯示意图

发展太空旅游业，不只是让普通平民体验太空生活，它还有着重要意义。例如可以利用太空旅游的收益继续发展航天事业，保证昂贵的资金来源不仅限于政府资助，加快人类航天技术的发展。也可以让普通平民，特别是有较强经济实力的个人更加了解航天事业的重要性和优越性，使他们尽自己的有限能力参与其中。由于太空旅行是针对平民的，所以更符合今后人类踏入宇宙的要求。在太空旅行中，专家可以利用这个机会研究人类移民太空所遇到的困难和麻烦。所以，太空旅行不只是少数人的奢侈消费，它对于人类的航天事业有着非常重大和深远的意义。

尽管无论经营者还是消费者都对太空旅游的前景抱有很高的期望值，但太空真要成为人们下一个旅游目的地，还必须要迈过几个坎。

目前，轨道飞行的 2000 万美元的费用，使太空旅游只能是"富人的俱乐部"。因此，降低费用是扩大太空旅游市场的关键；太空飞行的安全风险依然无法忽视。针对太空旅游的高风险性，美国联邦航空局已出台了第一部针对太空旅游业务的条例，该条例暂时没有强制要求太空旅游公司保证旅客人身安全，理由是太空旅游尚处于起步阶段。在太空旅游的过程中，游客的身体必须要能经受得起火箭起飞时的巨大噪音、振动、过载等种种考验，同时，还必须能够耐受强辐射、长时间失重等状况。提高运载工具的舒适性，也是开拓太空旅游的重要因素。

美国亚特兰大太空工程公司有关人员指出，太空旅游市场如果要达到一定的规模，每次价格必须降到 5 ~ 10 万美元，才能让大众接受。能够重复使用的宇宙飞船则为向太空运送更多的平民拜访者开辟了一条在经济上切实可行的途径。首架专为太空旅游开发的可以重复使用的"火箭飞机"已由美国加州一家名叫 XCOR 的太空旅游公司研制出来，并试飞成功。美国航空航天工业前景研究委员并建议开发低成本的商用太空旅游飞船——太空巴士，每次可坐 20 人左右。这种设想中的太空巴士，属于能运送游客往返于国际空间站与地面之间的双程轨道运输机。而航天能力同样不凡的俄罗斯宇航局则宣布，其准备用 C—21 型航天器进行有偿载人飞行活动，每人的旅费仅为 10 万美元。

尽管实现太空旅游仍然面临着许多问题，但是，人们依然相信，随着空间技术的发展，在不远的将来，太空旅游"平民化"将成为现实。

随着科技的进步，太空旅游会离我们越来越近。在不久的将来，火箭发射能力会逐渐增强，升空的舒适度也会大大提高，并且随着运载能力的提高，大规模太空旅行也将会实现。

有趣的太空旅馆

自 1961 年 4 月前苏联空军少校加加林成为人类造访太空第一人之后，对人们而言，航天飞船和宇宙空间站就已不再是新名词。现在，它们的用途从单纯的科研项目衍生到了旅游领域——太空旅游业俨然成为最刺激、最奢侈的产业之一。为了让旅游驿站更加舒适休闲，各大航天公司、私人企业开始着手打造"太空旅馆"，掀起一场新的旅游热潮。

银河套房

该套房设施齐全，酒店总共约有 22 个房间，每间房间面积为 28 平方米。它在世界上的同类项目中是首创。如果成功建成，它将成为人类历史上第一家太空旅馆。银河套房酒店的不同太空舱分别被用作酒吧、餐厅、接待室等。

在这里，房客足不出户就能领略到宇宙美景，每天可以观看 15 次日出，每 80 分钟绕地球环游一周。除此之外，人们还能在失重状态下体验泡沫丰富的"太空浴"。虽然入住价格不菲，但据设计方计算，世界上约有 4 万人能付得起住宿费用，只是他们是否愿意掏钱还不得而知。

月球旅馆

月球旅馆是一座双子塔。预计从地球飞往月球大约需要两天时间，由于在月球着陆会产生尘云，因此着陆点距离旅馆会有一段距离。当游客行离尘云区后，就能看到远处的月球车，可乘月球车前往月球宾馆。月球宾馆建设在 5 千米深的峡谷边缘，可以领略峡谷美景。

到月球旅行大部分时间将在宾馆中度过，于是旅馆会为游客提供大量的娱乐活动。游客可以通过参加重力游戏亲身体验低重力的感觉，这些游戏有：绳索下吊、游泳（游泳时可以像海豚般跃出水面），如果拥有一套蝙蝠装和足够的勇气，游客甚至可以飞起来。此外，游客也可以一览月球的美景，可以远观悬在天空中的地球，或者通过超级望远镜观测地球，一享以往从未目睹过的美景。

除此之外，旅馆内还配有很多酒吧和房间。宾馆里没有电梯，因为在月球上身体锻炼很重要，低重力状态下，如果缺乏运动，人们的肌肉会迅速萎缩。

疲劳的时候，游客可以回到旅馆内的房间，这些房间类似于"泪状胶囊"。这些胶囊与生活单元间紧密相连，每个胶囊都配有卧室和独立浴室。它们被细钢索自由悬挂于旅馆内，并可以随旅客喜好，通过远程遥控降低或旋转。晚间，这些胶囊可充当巨型灯泡，为旅馆照明。

除了在宾馆内活动之外还可以到户外进行月球行走，但这需要一套太空服，并且只能组团进行，因为比较危险。乘坐月球车游览可能会更舒适一些，它可以带着游客去参观一些有趣的地方，其中之一就是"阿波罗"登月的着陆点，阿姆斯特朗在月球上留下的脚印依然可见。

太空充气旅馆

比奇洛的太空旅馆比较特别，它的体积为 1500 立方米，质量为 100 吨，直径 30 米。资料显示，该太空旅馆将于 2015 年以前完工。与组成国际空间站的铝制舱不同，比奇洛计划用来作为旅馆主体部分的太空舱采用膨胀技术，舱外壳能在太空中膨胀，舱体外壁还覆盖纤维等坚硬材料。整个旅馆由多个独立舱组成，像香肠一样串在一起，包括旅馆、购物中心、利用微重力生产的小型工厂等。

目前，比奇洛旗下宇航公司已有 5 亿美元资本，并招募了美国宇航局和洛克希德—马丁公司的退休宇航工程师。迄今为止，比奇洛已经为该"梦想"花费了 7500 万美元。2006 年，比奇洛成功发射过一个实验太空舱，在太空中成功膨胀。实验舱内部的温度在 26℃左右，恰好适合人类生活。它的太阳能电池板也已完全展开，为舱内的科学仪器提供 26 伏电源。

"旅行家"宇宙飞船

这是一种直飞火星的旅馆。这种名为"旅行家"的宇宙飞船装备有各种舒适设施，每次可容 50 人。太空旅馆借着太阳、地球、火星与它们同月球的引力推动，在地球与火星间的太阳系轨道运行，时速达 21000 千米。这项火星之旅需时 6 ~ 8 个月。艾德林表示，这种可以循环使用的太空旅馆十分可靠，是人类进入太空，展开探索、移民与星际商业活动的重要工具。参与这项计划的一位科学家称，只要把这艘宇宙飞船放进轨道，它就会像一辆永不靠站的巴士一样，在地球与火星间来回行驶。该旅馆预计到 2018 年开业。

进入太空最年轻的人

1961 年 8 月，宇航员盖尔曼·蒂托夫搭乘前苏联飞船"东方 2"号进入地球轨道时，还差一个月就到他的 26 岁生日。他是进入轨道的第二人，在长达 25 小时的飞行过程中，他围绕地球运行了 17 周。蒂托夫也是第一个在太空睡觉的人，据说他也是第一个患上"太空病"的人。

太空城幻想

伞架子式的太空城

美国普林斯顿大学物理学教授奥尼尔博士对建造太空城已经研究很长时间了。1977 年，他出版了《宇宙移民岛》一书，提出了三种宇宙岛设计方案，其中的"奥尼尔 3 号岛"是一种伞形结构的太空城。它像张开的伞，伞把是两个巨大的圆筒，这个伞特别大，光伞把就有 6500 米粗，长 3200 米。在这个大圆筒里，可以居住 100 多万人。两个伞把用传动带连到一起，以 1 转/分的速度旋转，从而产生人造动力。伞把的四周是玻璃窗，窗外用挡板遮挡着，盖板内镶着大玻璃，合上盖板里边就是黑夜，打开盖板，外边的阳光射到里边，里边就是白天了。

圆筒里边是真正的城市，有山丘、树木、花草、河流，有体育场、电影院、大酒店，还有机场、车站和码头。太空城里的居民外出办事，可以像在地球一样，乘船、乘公共汽车、乘飞机，或者干脆把手一挥，"打的"走，非常方便。尤其令人称奇的是，这座太空城还可以进行人工降雨，有晴天、阴天、雨天和冷暖的变化。科学家把伞架子边缘设计成农业舱室，在农业舱室里，通过温度控制，可以在不同的舱室分别制造出春、夏、秋、冬一年四季的季节。因此，农业舱室粮食作物郁郁葱葱，瓜果蔬菜一应俱全，由于温度、湿度适宜，在那里，奶牛成群，猪羊满圈，小鸟欢唱，有益的昆虫飞翔，整个一个天上人间。生活在太空城里的公民一年四季都可以吃上新鲜的蔬菜、瓜果和粮食。

由于太空城里的环境十分优越，因此呼吸的也都是新鲜空气，再也不必担心地球城市中的空气污染了。优越的环境加上采取先进的栽培方法，在那里吃的也都是绿色食品。

圆环型的太空城

这样的太空城就像一个大轮胎，轮胎的直径为 1800 米，仅大圆环的直径就有 130 米，里边可供 1 万人长久居住。圆环以 1 转/分的速度自转，产生重力环境。

为了使圆环里能享受到充足的阳光，在圆环的上方安装了一面巨大的镜子，将太阳光折射到圆环中央的镜子上，然后由它折射到圆环的百叶窗上，百叶张开，阳光进入，里面为白天；百叶闭合，里面为黑夜。在圆环的中轴上，靠近圆环的一端是太空港，设计了许多对接装置，接送来往人员，供向太空城里运输货物和向地球运输太空垃圾和产品的宇宙飞船在这里停靠，同时可以接待好多艘飞船来访。另一端就是太空工厂和太阳能发电站了。中轴有 6 根辐射管通道与居民区相连，人们可乘 100 多米的电梯，通过辐射管道进入中轴，再沿着中轴去工厂上班。

这个大圆环里面，按不同用途分成若干个舱段，每个舱段即是一个区域，有居民区、学校、医院、饭店、旅店、农场、肉类加工厂、太空工厂等。尽管在太空城里生活的人们都很文明，但是，必要的管理工作还是需要的。因此，还是要设立如居委会、警察局之类的机构。

走进工厂，几乎看不见工人，全部是计算机控制，也没有噪声和污染。走进农场，一台台不冒黑烟的现代化机械在不停地工作，身穿白大褂的农场工人坐在电脑前，用电脑控制着这些机械工作。在明媚的春光下，青椒、茄子、豆角、西红柿张着笑脸，小麦、玉米等粮食作物在和风下摇曳。这些无忧无虑的小生命们，已经忘记了地球。

"向日葵"城

1975 年，美国有一位科学家曾经提出了一个叫"向日葵"城的太空城方案，顾名思义，这座太空城的样式有点像向日葵，主体是一个直径达 450 米的圆筒，以 2 转/分的速度自转，这样可以产生像地面一样的重力，人在上面生活、工作像在地面上一样。周围配备圆锥形反射镜反射阳光，最外边是农业区，最上面是聚光镜，靠这面镜子聚集的阳光发电为城内提供电能。"向日葵"城可居住 1 万人。

太空花园

美国太空总署为配合星际探险计划的开展，与波音公司合作研制了一种名为"愉快花园"的适应性太空舱。这个太空舱实际上是一个保持受控状态的生命维持系统。在这个系统中，将种植各种花卉、果树和粮食作物，既为太空人提供良好的环境，又为他们提供食品和水果。整个花园里产生的二氧化碳将由小球藻系统来排除和制造氧气，保持空气新鲜。太空花园还专门设立了

"运动区"，供到这里旅游参观的客人进行太空运动，运动区的引力相对较弱。

太空集体农庄

为了实现太空移民和为长期载人航天作准备，目前，美、日和西欧在21世纪的太空计划中，将植物在密闭的太空舱内进行长期生长试验作为重点研究项目。为此，设计太空集体农庄的工作已经开始进行。

目前，科学家的设想是把太空集体农庄建成球冠状。利用其外面可以转动的反射镜调节室内温度，通过人工努力，为植物营造一个像地球上一样的生长环境。科学家们通过对从月球上取回的土样成分进行化验分析认为，月球土本身不能种庄稼，但只要稍加改造，就可以成为在太空农场里种植庄稼等植物的土壤。更为重要的是，这种土壤还可以提取氧气和合成水分，这样就可以解决农场工作人员的生活用水问题了。

太空农场种植的庄稼、水果，不用洒农药，因此，是地道的绿色食品。未来的太空农场将全部实现机械化，工人在室内按电钮就可以对农场进行管理了。

太空城的方案还有许多。随着时间的推移，当太空城建造正式开始的时候，还会有更多、更好、更为科学的方案问世，届时，一座座太空城将呈现在人们面前，期待着人们的光临。

聚集在太空人数最多的一次航天活动

聚集在太空人数最多的一次是13人，发生在2009年美国宇航局的航天飞机"奋进"号执行STS-127任务期间。2009年，"奋进"号与国际空间站对接。该机上的7名宇航员与这个轨道实验室上的6名成员汇合，这是太空聚集人数最多的一次。虽然以后美国宇航局航天飞机和空间站上的人员数量也有达到这个数目的时候，但是从没超过13人。